내 안의 우주

미생물과 공존하는

나는 통생명체다

내 안의 우주

미생물과 공존하는

나는 통생명체다

초판 1쇄 발행 2019년 7월 10일
초판 2쇄 발행 2021년 6월 25일

지은이 | 김혜성
그린이 | 김한조
펴낸이 | 김태화
펴낸곳 | 파라사이언스 (파라북스)
기획편집 | 전지영
디자인 | 김현제

등록번호 | 제313-2004-000003호 등록일자 | 2004년 1월 7일
주소 | 서울특별시 마포구 와우산로29가길 83 (서교동)
전화 | 02) 322-5353 팩스 | 070) 4103-5353

ISBN 979-11-88509-24-9 (03470)

*이 도서의 국립중앙도서관 출판예정도서목록(CIP)은 서지정보유통지원시스템 홈페이지(http://seoji.nl.go.kr)와 국가자료종합목록 구축시스템(http://kolis-net.nl.go.kr)에서 이용하실 수 있습니다. (CIP제어번호 : CIP2019024483)

* 값은 표지 뒷면에 있습니다.

* 파라사이언스는 파라북스의 과학 분야 전문 브랜드입니다.

내 안의 우주

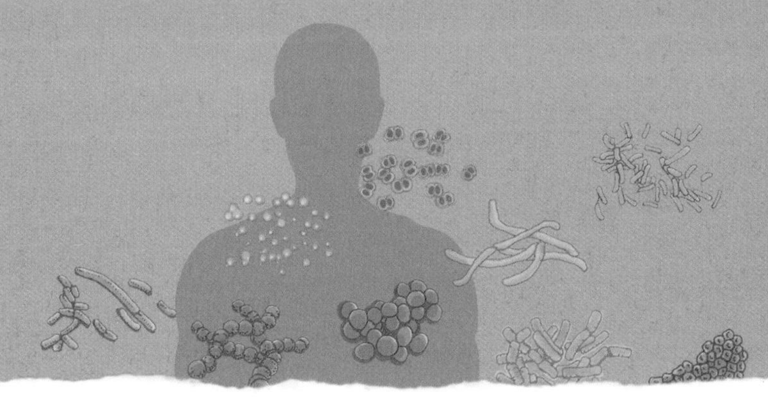

미생물과 공존하는

나는 통생명체다

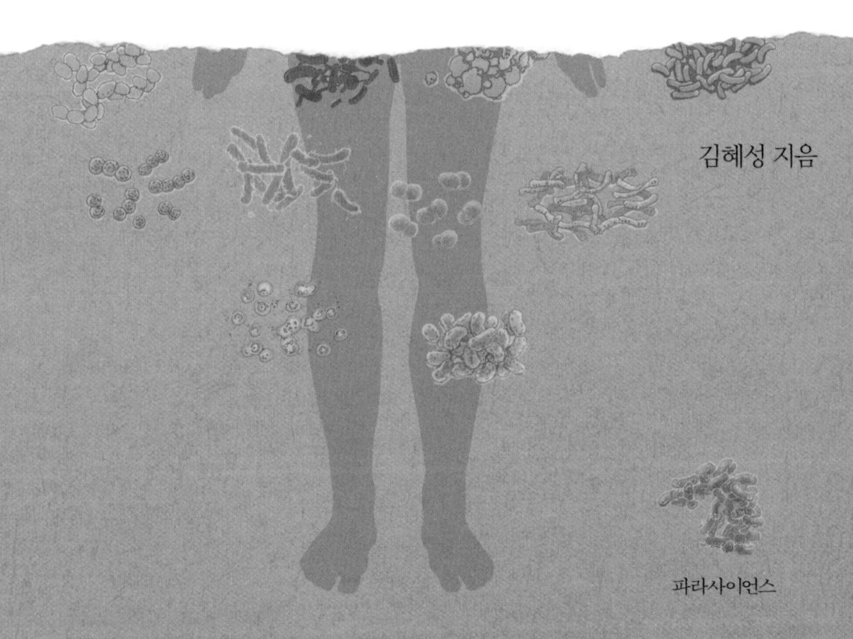

김혜성 지음

파라사이언스

건강 백세의 네 가지 키워드

몇 해 전 소화기내과 선생님과 장 건강에 대해 토의하다가 대장 내시경 후에 프로바이오틱스를 넣어주면 어떻겠냐는 아이디어를 낸 적이 있다. 당시 나는 흔히 유익균이라 얘기하는 프로바이오틱스에 대해 관심이 많았다. 내시경을 하는 동안 장은 비워질 것이고 그 와중에 장에 사는 세균의 양도 대폭 감소할 터라, 내시경을 할 때 좋은 균을 넣어주면 좋을 것이라는 발상이었다. 내 말을 들은 소화내과 선생님은 내시경을 하는 동안 혹시 용종 같은 게 있는지 살펴보는 데만 관심을 두었지, 환자의 장 건강에 대해서는 한번도 생각해본 적이 없다고 대답했다. 그러면서 겸연쩍은 듯 웃었다.

그 모습을 보며, 실은 내 모습도 다르지 않을 것이라고 생각했다. 나 역시 나를 찾는 환자들을 만날 때 '입안을 어떻게 건강하게 해줄까'보다, 잇몸병과 충치가 있는 곳을 먼저 보게 되고 '어떻게 치료할 것인가'에 주로 관심이 간다. 그렇게 배웠고 그렇게 오랜 시간 지내왔다. 그것이 나를 먹고 살게 해주었고, 내 직업의 존재 의미라고 생각하기도 했다.

내가 만나본 의료인 중에 환자의 건강에 관심을 두는 사람은 많지 않았다. 의료인들이 배우는 것도, 수련하는 것도, 하루 종일 하는 일도 병을 고치는 일이다. 갈수록 커지는 대형 병원들의 암센터를 포함해 수많은 병원들이 하는 일은 건강보다는 병을 겨냥한다. 그것이 경쟁이 심해지는 의료시장에서 병원이 수입을 올리는 길이고, 병원에서 매출이라는 표현이 쓰인 지도 오래되었다. 어찌 보면 건강보험공단이 책정하는 '질병치료 서비스 가격'을 정점으로 해서 구조화되는 한국의 의료체계 탓도 있을 것이다.

물론 질병을 치료해야 건강해지는 것이 아니냐고 되물을 수 있다. 하지만 그것은 절반의 진실일 뿐이다. 세계보건기구(WHO)에 의하면, 건강은 단순히 질병이 없는 상태만이 아니라 '충분히 의미 있고 가치 있는 일을 하면서 지낼 수 있을 만큼 육체와 정신이 온전하고 사회적 관계가 준비되어 있는 상태'(a state of complete physical, mental and social well-being and not merely the absence of disease or infirmity)를 의미한다. 더구나 수명이 점차 길어져 노령화 시대에 들어선 오늘날에는 죽는 날까지 병원이 아닌 자기 공간에서 원하는 대로 움직이며 건강하게 지내고 싶은 욕구가 커지고 있는데, 이런 욕구는 병이 없거나 병원을 찾지 않은 상태만으로는 충족되지 않는다. 특히 수많은 약과 병원에도 불구하고 전염병처럼 퍼져가는 비만, 당뇨, 정신질환 같은 현대병들은 건강에 대해 좀 더 포괄적으로 고민하게 만든다.

나는 이 책에서 병이 아닌 건강에 대해 얘기하려 한다. 병을 언급해야 하는 경우도 피부상처나 변비, 감기, 잇몸병처럼 가벼운 병, 혹은 평소 약보다 음식과 생활습관으로 관리해야 하는 비만, 당뇨, 고혈압 등만 얘기할 것이다. 그것이 우리가 주로 접하는 것이고, 건강한 내가 경험했던 것이며, 미생물의 관점으로 보아도 중요하기 때문이다. 또 그런 문제를 잘 다뤄야 더 심각한 문제를 차단할 수 있기 때문이고, 더 심각한 문제는 내 개인의 능력과 관심 영역을 벗어나기 때문이다. 어쨌든 이 책에서는 평소에 건강에 신경을 써서 병까지 가지 말자는 얘기를 그간의 진료 경험과 최신의 과학적 사실을 바탕으로, 그리고 내 몸을 소재로 삼아 해보려 한다.

이 이야기를 하기에 앞서 소개해야 할 것은 통생명체(holobiont)라는 개념이다. 통생명체는 이 이야기를 관통하는 개념이다. 본문에서 자세히 이야기하겠지만, 통생명체는 호모사피엔스인 내 몸과 내 몸을 서식처 삼아 살아가는 수많은 미생물들을 함께 생각하는 개념이다. 결국 이 책은 나와 내 몸 미생물의 평화로운 공존을 통해 건강을 유지하자는 제안이기도 하다. '미생물과의 공존'은 운동과 음식 같은 생활습관을 통해서만 가능하기에, 병원과 약의 도움은 급할 때 최소한으로 받고 스스로 일상생활에서 건강을 지켜 보자는 얘기일 수도 있다.

이 책을 여는 서장에서는 '미생물과의 공존'의 필요성을 미생물의 관점에서 보면 어떨까 상상하며, 우리 피부에 가장 흔한 세균이자 가장 유명한 세균 중 하나인 황색포도상구균을 주인공으로 삼아서 썼다. 세균의 입장에서 지금의 인간 사회를 바라보는 계기가 되었으면 좋겠다. 21세기 인간이 세균을 대하는 태도는 세균이나 생명 전체의 관점에서 보면 매우 왜곡되어 있기 때문이다.

나는 몇 해 전부터 내게 맞는 규칙적인 생활을 찾아 실천하려고 노력하고 있다. 요약하면 다음 네 가지다.

첫째, 하루 한두 번 샤워하고, 세 번 이 닦고, 가능한 아침에 변을 누려 한다.

둘째, 하루 두 끼만 먹는다.

셋째, 1주일에 2~3회 산행을 하고, 3회 이상 피트니스를 한다.

넷째, 아침에 좀 일찍 일어나 출근하기 전 나만의 공부 시간을 갖는다.

첫째, 샤워와 이 닦기, 변비를 조심하는 것은 내 몸의 '미생물 관리'가 중요하다는 의미다. 미생물 관리는 다른 말로 하면 '위생'이다. 19세기 말에 코흐와 파스퇴르라는 걸출한 과학자들에 의해 밝혀진, 세균이 여러 질병의 원인이라는 사실은, 20세기 내내 인류를 세균 박멸에 나서게 했다. 상수도와 하수도가 분리되어 먹는 물과 음식에서 미생물을 대폭 줄였고, 항생제와 백신의 등장으로 세균 감염에서 비롯되는 많은 질병을 막거나 치료하는 의학적 혁명이 이루어졌다. 이로 인해 20세기라는 인류사 전체로 보자면 아주 짧은 시기 동안, 인간의 수명을 두 배 가까이 늘리는 기적이 만들어졌다.

그러나 21세기에 들어서면서 급속도로 발전하고 있는 미생물학은 우리가 미처 보지 못한 것들에 눈을 돌리게 했다. 세균을 포함한 미생물 가운데에는 인간을 해하는 것들도 있지만, 대부분은 인간과 오랫동안 공존하고 공진화해온 '내 안의 또다른 생명체'라는 것이다. 심지어 인간 혹은 모든 고등 동식물들은 미생물과의 공존체인 통생명체(holobiont)라고 말한다. 20세기와는 사뭇 다른 접근이다.

그렇다면 미생물을 향한 인간의 활동인 위생의 개념 역시 바뀌어야 한다. 일방적인 박멸, 소독의 자세로 미생물을 대할 것이 아니라, 좀 더 생명 친화적인 위생 개념이 필요한 시점이 된 것이다. 이에 대해 내가 경험하고 공부한 내용을 '2장. 내 몸속 미생물 돌보기'에 담았다.

둘째는 하루 두 끼 먹기이다. 나는 어린 시절부터 소화력이 약했다. 친구들과 비교해도 그렇고, 형제들과 비교해도 그랬다. 그래서인지 하루 세 끼를 다 먹으면 다음날까지 더부룩함을 느끼는 경우가 많았다. 그래도 다들 세 끼를 먹고 또 먹어야 한다고 하니, 나 역시 그렇게 먹으며 40대 중반까지 지냈다. 그러던 어느 날 시간에 쫓겨 아침을 먹지 못하고 출근을 한 적이 있다. 보통 오전은 진료로 바빠 요기할 겨를이 없는데, 11시가 지나자 머리가 청명해지는 느낌이 들었다. 배는 고팠지만 불편하지 않은 정도였다. 그렇게 나의 아침 거르기가 시작되었고, 몇 년 동안 아침에 과일만 먹거나, 거르거나, 혹은 간단한 요기만 하며 시행착오를 거쳤다. 그러는 동안 속이 편하기도 하고 불편하기도 했다. 그러다 최근 몇 년 동안 두 끼 먹기는 완전히 정착되었다. 지금은 하루 세 끼를 다 챙겨 먹으면 오히려 속이 불편하다.

공부를 하면서 나의 이런 먹는 습관이 '간헐적 단식'이란 것으로 과학자들이 오랫동안 연구해온 것임을 알게 되었다. 지상파 방송에서도 여러 차례 소개되었는데, 생각해보면 하루 두 끼 먹기는 인류에게 오랜 기간 익숙한 식사 습관이다. 우리나라로 치면 대략 지난 50여 년을 제외하면 우리는 대부분 먹을거리가 부족한 생활을 하였고 일정한 공복상태가 불가피했다. 언제 어디서나 먹을 것을 구할 수 있게 된 것은 얼마되지 않은 일이다. 인류 전체로 보아도 산업혁명 이후에야 가능했을 터이니 길게 잡아도 200년도 채 안 된 일이다. 바로 이 상황이 비만과 당뇨, 고혈압을 포함한 수많은 현대적 만성질환의 근본 원인이기도 하다. 간헐적 단식은 하루의 상당시간 배가 비워질 수밖에 없었던 호모사피엔스의 오래된 식생활을 통해 과잉 먹거리로 인한 여러 질병에서 좀 더 자유로워지자는 제안일 수 있다.

우리 몸을 통생명체로 인식하고 미생물을 염두에 둔다면, 무슨 음식을 먹느냐는 더욱 중요해진다. 우리 몸 건강에 필요한 미생물이 있다면, 그것은 절대 약으로 다룰 수 없고 오직 음식을 통해서만 관리 가능하다. 통생명체를 생각하면 "음식이 약이 되게 하라"는 2500년 전 히포크라테스의 경구는 우리 시대에 더 유용해 보인다. 이 내용이 '3장. 내 몸 돌보기'의 한 켠에 있다.

셋째는 운동이다. 운동이 건강에 좋다는 것은 모두가 아는 일이지만, 규칙적으로 하기는 쉽지 않다. 나 역시 최근에 이르러서야 산행과 피트니스를 규칙적으로 하게 되었다. 40대만 해도 운동보다 훨씬 더 재미있는 일이 허다했고, 꼭 그렇게 운동을 하지 않더라도 아침에 일어나는 게 힘들지 않았다. 하지만 50대에 접어들면서 상황이 서서히 바뀌었다. 모든 것이 더 느려지고 기능이 떨어졌다. 나이를 먹을수록 세포는 노화되고, 노화된 세포를 처리하는 내 몸의 능력도 떨어진다. 흔히 심폐기능이 떨어진다는 것은 누구나 느끼지만, 내가 특히 중요하게 보는 것은 근육위축증(sarcopenia)이다. 나이가 들수록 몸의 근육도 줄어들고 뼈도 가늘어지고 짧아진다. 70대까지 건장했던 분들도 더 나이가 들면 왜소해지고 키도 작아진다. 자연스러운 현상이지만 최대한 늦추어, 사는 날까지 다른 사람에 의지하지 않고 독립성을 유지하며 살려면 운동하는 수밖에 없다.

운동을 하면 내 몸이 달라지고, 내 몸속 미생물도 달라진다. 우리 몸을 통명체로 인식하면 운동의 중요성도 더욱 커진다. 문제는 사람마다 운동신경이나 관심, 재미 등에서 차이가 많아 각자 자신에게 맞는 운동이 다를 텐데, 그걸 정하는 데 참고가 되도록 운동에 대한 내 경험과 공부를 3장의 한 부분에 실었다.

넷째, 공부다. 나에게 공부란 일상을 바꾸는 외적 자극이다. 그 자극은 책이나 논문일 수도 있고, 예술일 수도 있고, 영화의 한 장면일 수도 있고, 다른 사람의 말과 행동 혹은 한 순간의 표정일 수도 있다. 그렇게 보면 나의 하루는 공부로 가득 차 있다.

나아가 공부는 평생 하는 것이다. 고인이 되신 신영복 선생님 말씀대로 모든 생명체의 존재방식 그 자체가 공부다. 그렇게 공부와 평생을 함께하려면 내 마음의 호기심을 유지해야 한다. 내게 죽는 날까지 하나만 붙잡고 있으라고 한다면, 바로 호기심을 들 듯하다. 청년은 호기심의 정도가 증가하는 때이고, 중년은 호기심이 일정한 상태를 유지하는 때이고, 노년은 호기심이 감소하는 때라고 정의하고 싶기도 하다.

호기심을 유지하는 방법은 아이러니하게도 늘 공부하는 것이다. 호기심을 유지해야 공부할 수 있고, 공부해야 호기심이 유지된다. 그런 면에서 나는 좋은 대학을 나왔다고 해서, 박사 학위가 있다고 해서, 변호사나 교수나 의사라고 해서 스스로 공부 좀 했다고 생각하는 사람을 별로 좋아하지 않는다. 그것은 착각이다. 먹고 살기 위해, 혹은 최소한의 소양을 갖추기 위해 타인으로부터 전수받은 것들은 공부의 기반일 뿐이다. 공부는 지금 바로 이 순간 나라는 생명이 이 우주를 새롭게 대할 때 시작되고 유지되는 것이다.

공부하면 내 몸속 미생물도 변한다. 뇌의 활동이 미생물에도 영향을 미치는 것이다. 반대로 장 미생물이 뇌의 작용에 영향을 미칠 수도 있다. 통생명체에게는 뇌나 정신작용 역시 미생물로부터 자유롭지 않다는 것이다. 특히 노인들이 가장 두려워하는 치매나 알츠하이머의 원인으로 뇌를 둘러싸고 있는 혈액뇌장벽(BBB, Blood Brain Barrier)이 약해지며 뇌속으로 미생물이 침투하는 것이 거론되고 있으니, 통생명체의 정신건강을 위해서도 미생물과의 공존은 중요하다. 이에 대한 내용 역시 3장의 한 부분을 차지한다.

마지막으로 건강문제에 대해 좀 더 긴 시선으로 스스로의 몸을 볼 수 있어야 한다는 생각을 '4장. 통생명체, 긴 시선으로 바라보기'에 담았다. 현대 과학이나 의료 및 제약 산업에서 보이는 짧은 시선을 넘어 좀 더 긴 시선으로 내 몸을 대하자는 것이다. 학술적으로 보자면 생명과학과 의학과 진화론이 좀 더 가까이 만났으면 좋겠다.

복잡다단한 관계 속에서 살아가는 우리에게 자신만의 생활 패턴을 만든다는 것은 쉬운 일이 아닐 것이다. 근본적으로 호모사피엔스라는 하나의 생명체, 아니 모든 생명체의 일상이 규칙적으로 이뤄지는 것은 불가능할 수도 있다. 나 역시 2, 30대는 물론 40대까지도 다양한 호기심으로 다양한 사람들을 만나 노는 것을 좋아해 밤 늦게까지 술과 노래와 여흥을 즐겼다. 당연히 생활의 규칙성, 특히 아침 시간의 규칙성은 없었다. 그러다 50대로 접어들며, 점차 관심과 욕망이 일정하게 정돈되며 내가 익숙하고 편안해하고, 무엇보다 의미를 느끼는 시간과 공간으로 정돈되어가고 있다. 아마도 지천명(知天命)이라는 것이, 천명을 안다는 것이, 이런 느낌이지 않을까 싶기도 하다. 스스로 정하는 의미 중심으로 삶의 방향과 시간을 정렬해 가는…….

한편으로는 스스로 중요하다고 생각하는 것들 외에는 관심이 훨씬 줄었다. 무슨 차를 탈까, 무슨 옷을 입을까 등에는 거의 관심을 두지 않는다. 쇼핑을 해본 지가 몇 년은 된 듯하다. 인간관계도 많이 줄었다. 다양한 모임도 거의 모두 정리하고 10년 가까이 된 인문학 공부 모임에만 참여하고 있다. 이야기가 겉돌지 않고 바로 의미 중심의 얘기를 할 수 있고 속내를 꺼내서 나누는 수다가 좋아서일 것이다.

그래서 이 책은 나이 50을 넘긴 지난 몇 해 동안 스스로 느끼는 욕망과 몸의 변화에 대한 기록의 의미도 있다. 또 몸과 마음의 자연스럽고 불가피한 변화를 어떻게 받아들이고 의식적으로 어떤 방향으로 변화해 갈지에 대한 아침 공부의 산물이기도 하다. 나의 몸과 마음의 느낌을, 다른 사람들은 어떻게 느끼고, 이에 대한 과학적 연구는 어떤지에 대한 탐색이기도 하다. 여러 연구의 결과를 내 몸과 마음으로 직접 느껴보고, 또 그 느낌을 바탕으로 여러 연구를 다시 탐색하는, 나와 남의 느낌을 몇 년간 피드백한 결과라 해도 좋다.

이 책을 쓰면서 벌써 27년이 된 치과의사 생활을 되돌아볼 기회를 갖게 되어 좋았다. 그런 느낌들이 이 책 어딘가에 담겨 있을 것이다. 미생물 연구를 바탕으로 치과와 내과를 결합해 '잘 먹고 잘 싸자'는 모토로 건강 지향 병원을 만들어가고 있는 현재의 고민도 담길 수밖에 없었다. 또 병원 부설 의생명연구소에서 여러 생명과학 주제를, 때론 엉뚱하기까지 한 주제를 탐색해온 지난 몇 년도 이 책을 쓰게 된 참 소중한 자산이다.

그렇다고는 해도 현대 과학과 의학은 여전히 불완전하며, 나의 시도나 경험 역시 진행중이고 일천하다. 내 얘기가 옳다고 주장할 생각도 없다. 다만, 나의 공부나 경험이 주위 이웃들에게 참고할 만한 하나의 자료가 되었으면 좋겠다.

차례

머리말 _ 건강 백세를 위한 네 가지 키워드 …… 4

서장. 포도상구균이 사피엔스에게

포도상구균이 사피엔스에게 …… 18

1장. 통생명체, 내 몸과 미생물의 합작품

1. 통생명체란 무엇인가? …… 36
2. 통생명체로서 내 몸을 어떻게 볼까? …… 47

2장. 내 몸속 미생물 돌보기

1. 피부 미생물 돌보기 …… 58
2. 입속에 사는 세균 돌보기 …… 74
3. 장에 살고 있는 세균 돌보기 …… 92
4. 기도와 폐에 사는 세균 돌보기 …… 108
5. 소결론 _ 내 몸 미생물 다루는 방법 정리 …… 127

3장. 내 몸 돌보기

1. 약은 급할 때만 …… 134
2. 음식이 약이 되게 하라 …… 145
3. 운동, 현대판 불로초 …… 162
4. 뇌도 근육처럼 …… 174

4장. 통생명체, 긴 시선으로 바라보기

1. 환원주의 유감 …… 182
2. 현대 과학의 짧은 시선 _ 안젤리나 졸리의 유방을 돌려줘 …… 190
3. 현대 의학의 짧은 시선 _ 항생제가 일으킨 문제, 똥이 해결한다 …… 201
4. 현대 산업의 짧은 시선 _ 프로바이오틱스를 챙겨 먹으라고? …… 207
5. 긴 시선으로 통생명체 대하기 …… 214

맺음말 _ 생소한 일상, 건강한 노화 …… 222

참고문헌 …… 226

독자 리뷰 …… 238

이 장은 우리 피부에 가장 흔한 세균이자 가장 유명한 세균 중 하나인 포도상구균이 우리 인간에게 보내는 편지 형식으로 이 책을 관통하는 개념과 문제의식을 소개한다. 세균 입장에서 우리 몸과 우리 몸속의 공존을 생각해보는 것도 의미있는 일이라고 생각한다.

서장

포도상구균이 사피엔스에게

나는 통생명체다

포도상구균이 사피엔스에게

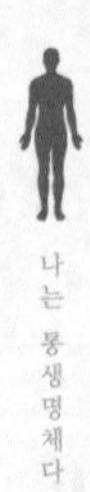

나는 세균이다!

인간들은 나를 '황색-포도상-구균(黄色葡萄狀球菌, *Staphylococcus aureus*)'이라고 부르고 세균(細菌, bacteria)으로 분류한다. 사실 세균이라는 것도, 황색포도상구균이라는 것도 인간들이 붙인 이름일 뿐이다. 그들이 보기에 내가 작고 둥글고, 포도송이처럼 모여 살며, 자기들이 보려고 나를 염색하면 노랗게 보인다고 해서 그렇게 이름 붙인 것이다. 나는 그냥 인간들처럼 이 한세상 먹고 살기 위해 아등바등하고 있을 뿐인데. 그래도 인간들이 나에게 살아가는 터전으로 제공해주고, 거기서는 먹을 것도 쉽게 구할 수 있기 때문에 그냥 봐준다. 그래, 난 세균, 황색포도상구균이다.

작지만 나도 유전자가 있다. 그것도 인간과 마찬가지로 DNA라고 부

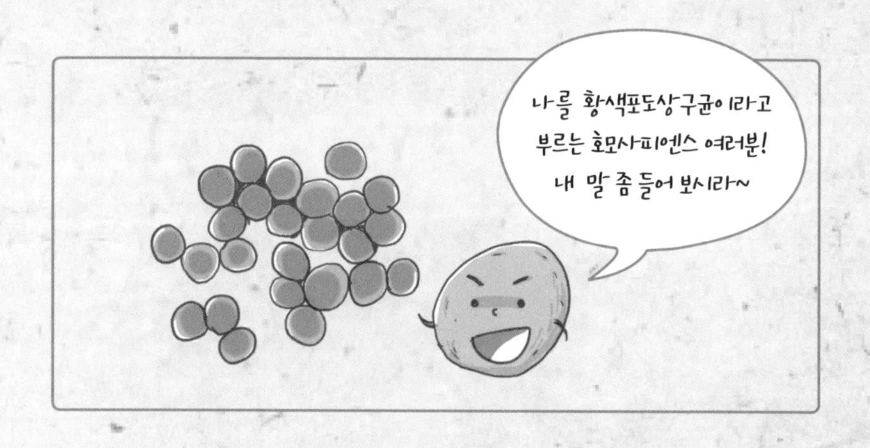

르는 곳에 내 유전자를 보관한다. 다만 몸집이 작은 만큼 DNA 길이는 좀 짧은 편이다. 인간의 유전자는 31억 쌍의 염기가 쌍을 이루고 있다고 하는데, 나는 그보다 1/1000 정도 적은 300만 정도의 염기가 쌍을 이루어 DNA에 유전자를 보관한다. 적다고? 그건 양적 차이일 뿐이다. 중요한 것은 질이다. 인간이나 나나 모두 DNA라는 유전자의 모양은 같다. 인간들 중에는 받아들이지 못하는 이들도 있지만, 질적으로 같은 이 유전자가 인간이나 나나 모두 한 조상에서 비롯되었다는 것을 말해주는 강력한 증거다.

유전자만 같은 것이 아니다. 먹는 것도 비슷하다. 인간들도 탄수화물을 좋아한다. 나도 여러 가지를 먹지만, 제일 좋아하는 것은 탄수화물이다. 인간들이 탄수화물을 먹어서 ATP(adenosine triphosphate)라고 불리는 에너지를 얻듯이, 나 역시 탄수화물을 분해해서 ATP를 얻는다. 탄수화물을 분해해 에너지를 얻는 유전자의 모양도 같다. 어때? 같은 조상이란 게 좀 설득이 되시나?

인간들이 열대 사막이나 극지방에서도 살아가듯이, 나 역시 먹을 것만 있으면 어디나 살 수 있다. 오히려 인간들보다 더 생존력이 강할 수도 있다. 인간들은 산소가 있어야만 살 수 있지만, 나는 산소가 없어도 살 수 있다. 지구가 처음 생겼을 때에는 대기중에 산소가 별로 없었는데 그때부터 살아남은 적응력이다. 인간들이 나 같은 능력이 있다면 바다 깊은 곳이나 높은 산, 우주 공간도 더 자유롭게 다닐 수 있을 텐데…….

그래서 난 어디나 살 수 있다. 흙 속에서도, 바다에서도, 인간들이 사는 집에서도……. 그 중에서도 내가 제일 좋아하는 곳은 바로 인간들의 몸이다. 그곳에는 먹을 게 많기 때문이다. 나는 인간들의 피부에 주로 살고 인간들이 나를 꿀꺽 삼키면 입안이나 장에도 살고, 인간들이 숨쉬면 공기와 함께 폐속으로 들어가기도 한다. 거기서도 나는 점액질에 포함되어 있는 탄수화물을 먹으며 살아간다.

특히 내가 좋아하는 곳은 인간들의 피부다. 공기도 넉넉하고, 붙어 있기도 좋고, 다른 친구 세균들도 많으며, 먹을 것도 넉넉하기 때문이다. 지금 내가 붙어 있는 곳은 다른 인간들이 김혜성이라고 부르는 인간의 콧잔등인데, 주위를 둘러보니 나랑 같은 종인 황색포도상구균들이 1/4은 되는 듯하다. 누가 뭐래도 같은 종이 편안하긴 하다.

그렇다고 내가 같은 종하고만 노는 것은 아니다. 우리 세균들도 인간들처럼 모여 산다. 인간들의 피부에서든 입속에서든 장에서든 우리는 뭉쳐 살 수밖에 없다. 정착해 살 곳을 만들려면 종이 달라도 서로 힘을 합해야 한다. 모두 힘을 합해 끈적끈적한 물질(Extracellular matrix)을 내어 집을 짓고, 그 안에서 서로 소통하고 도와주고 견제하기도 하면서 살아간다. 그렇게 공동체를 잘 만들면 우리는 혼자 떨어져 있을 때보다 훨씬 더 오랫동안 안전하게 살아남을 수 있다. 인간 과학자들은 우리가 모여 사는 공동체를 바이오필름(biofilm)이라고 부르며 '세균들의 도시'(city of microbes)라고 빗대기도 한다. 인간들이 살아가기 위해 서로 힘을 합쳐 생존력을 높이는 곳을 도시라고 한다면, 우리의 공동체도 도시라고 할 수 있다.

내게 가장 중요한 미션, 아니 유일한 미션은 생존하고 번식하는 것이다. 왜 그게 중요하냐고? 그게 사는 것이니까. 사는 게 원래 그런 게 아니겠는가. 나 같은 세균부터 바다의 물고기, 산에 있는 나무들까지, 이 우주에서 '생명'이라 불리는 것들은 원래 그런 거 아닌가. 스스로 "왜 사느냐"고 묻는 인간들도 있다지만, 내가 보기엔 그런 걸 묻는 인간이 오히려 이상하다. 따지고 보면 인간들에게도 생존과 번식이 가장 중요한, 아니 유일한 사는 목적일 수 있다. 삶에 대한 화려한 말이나 설레발도 그 민낯은 결국 하나 아닐까? 어쨌든 나는 그냥 살아간다. 먹을 것이 있고 친구들과 정착할 만한 곳이라면 어디에서든, 인간들의 피부이거나 장이거나 폐이거나, 그냥 살아간다.

항생제 폭탄

물론 인간의 몸에서 살아간다고 해도 내 삶이 늘 순조로운 것은 아니다. 먹을거리가 안정적이고 풍요로운 인간의 몸에도 폭탄이 떨어질 때가 있다. 나는 인간의 장에 살 때 폭탄을 경험했다. 인간들이 항생제라 부르는 약이 내가 사는 인간의 몸으로 들어온 것이다. 아, 위력이 얼마나 세던지, 우리 공동체의 친구들, 나의 가족들, 다른 종이지만 함께 살던 세균들이 거의 다 죽어 나갔다. 나는 그때 운 좋게도 바이오필름 안쪽에, 항생제의 파편이 미치지 않은 곳에 있어 살아남을 수 있었지만, 우리 공동체는 산산이 부서졌다.

인간들과는 비교가 되지 않게 긴 역사를 가진 우리 세균들에게 이런 폭탄은 없었다. 우리는 이 지구에 생명이란 게 시작된 후부터, 그러니까 인간들의 셈법으로 하면 대략 38억 년 전부터 살아왔다. 뒤늦게 인간들이 지구에 등장했지만, 그후에도 오랫동안 이런 폭탄은 없었다. 인간들은 물로 우리를 떼어내기도 하고, 가끔은 약초라는 것을 먹기도 하고,

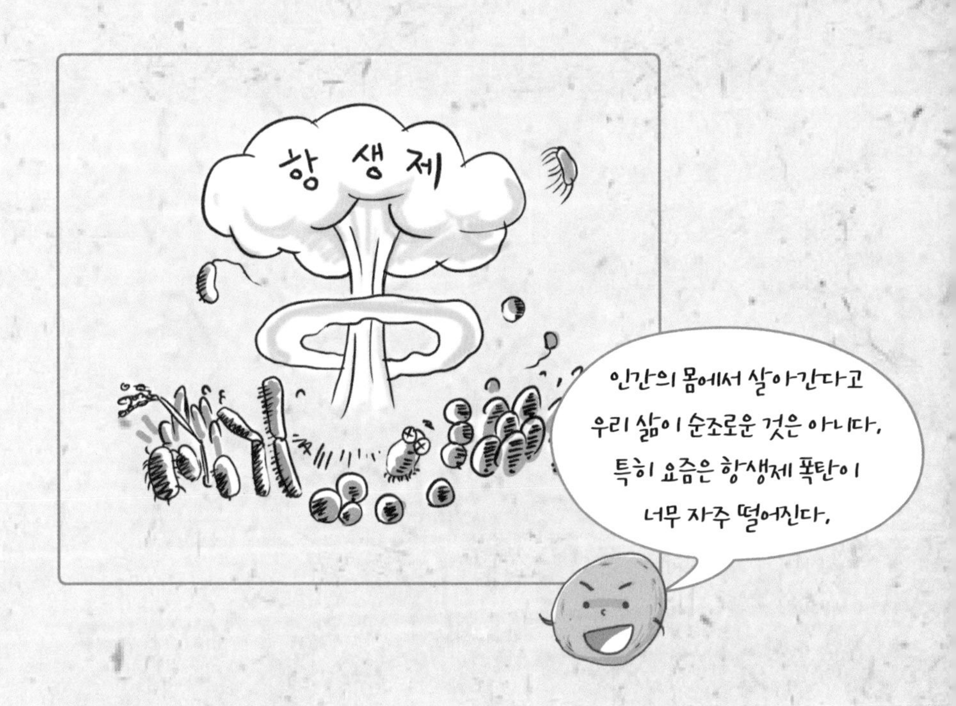

자기 몸 온도를 대폭 올리기도 하고, 이상한 냄새를 풍기는 것들을 흡입하기도 했지만, 이런 폭탄은 일찍이 없었다.

상황이 이해되지 않는 것은 아니다. 우리는 그저 먹고 살면서 번식할 뿐이지만, 그게 인간들 입장에서는 힘들 때도 있었을 테다.

내가 인간의 피부에 살 때 그곳이 헐어서 틈이 생긴 일이 있는데, 그러면 우리는 그 안쪽에 붉은 강물(혈액)이 흐르는 곳으로 들어간다. 당연한 일이 아닌가. 그곳은 먹을거리가 풍부하고 온도도 적당하다. 또 인간의 몸 전체로 뻗어 있어 그 강물에 몸을 맡기면 우리는 어디든 갈 수 있다. 처음 그곳에 들어갔을 때 나는 지상 낙원인 줄 알았다. 그런데 웬걸, 그곳에는 정말 센 녀석들이 지키고 있었다. 인간들이 면역세포라 부르는 그 녀석들은 나 같은 세균을 아주 싫어했다. 녀석들은 흐느적거리며 나타나서는 우리 세균들을 먹어 치웠다. 정말이지 갈 곳이 아니었다. 그래도 간혹 녀석들의 힘이 약하거나 경계가 허술할 때, 강물을 따라 인간의 몸 구석구석을 여행하는 행운이 따르기도 한다. 그러면 우리는 인간의 몸 어디든 적당한 곳에 붙어서 공동체를 이루어 살아갈 수 있다. 그게 인간들에게는 큰 문제였을 것이다. 평소 우리가 살지 않던 곳에 우리 공동체가 들어서고 우리 수가 대폭 늘면, 인간의 몸은 우리를 없애기 위해 지킴이들을 더 많이 보낸다. 그럼 우리도 당연히 맞서 싸운다. 인간들이 감염(infection) 혹은 염증(inflammation)이라 부르는 전쟁이 시작되는 것이다.

일단 전쟁이 시작되면 우리는 대부분 지고 만다. 몸집이 수천억 배는 더 큰 인간을 당해낼 재간이 우리에게는 없다. 인간의 몸이 보낸 지킴이들도 우리보다 수백 배는 더 크다. 하지만 가끔 우리가 이기는 경우도 있다. 특히 갓난아기들이나 병원에 누워 있는 노인들의 경우, 지킴이들의 힘이 세지 못해 우리가 이길 확률이 좀 더 높다.

인간들도 그런 경우를 대비해야 했을 테다. 그래서 폭탄을 만들었을 테다. 인간들은 그걸 '항생제'라고 부른다. 인간들의 역사에서 1928년에 플레밍이란 사람이 나랑 같은 종족인 황색포도상구균을 키우다가 우연히 푸른곰팡이가 우리를 죽일 수 있는 물질을 만든다는 것을 알아채면서 항생제가 만들어졌다고 한다. 알고 보면 별로 신기할 일도 아니다. 우리 세균들도 서로 죽이는 물질을 만든다. 힘을 합할 때도 있지만 견제를 해야 하는 경우에 필요하니까. 물론 곰팡이들도 무기를 만든다. 식물이나 인간들처럼 다 생존과 번식을 위해 만드는 무기들이다. 인간들은 참 신기하게도 곰팡이가 만드는 물질을 대량으로 만드는 데 성공했다. 그리고 그렇게 만든 폭탄을 우리가 살 만한 곳이면 어김없이 투하한다.

항생제 저항성

지금 나는 인간의 피부에 살지만, 꼭 붉은 강물을 타지 않고도 인간의 몸 어디든 갈 수 있다. 인간의 몸에는 언제나 뻥 뚫려 있는 곳이 많다. 입안이나 장이 그렇고, 기도나 폐도 그렇다. 그런 곳은 우리가 늘 쉽게 오갈 수 있어서 우리는 그런 곳에도 산다. 그러다 혹여나 우리가 세를 불려서 좀 불편해지면 인간은 여지없이 그 폭탄을 투하한다. 생각해보면 인간들은 참 미련한 겁쟁이들이다. 건강할 때에는 지킴이들이 다 알아서 우리를 견제하는데, 왜 그렇게 자주 폭탄을 사용하는지 정말 모를 일이다.

우리는 인간의 몸 어디나 산다. 인간 몸의 지킴이들도 어디나 우리를 따라다닌다. 경계를 서는 것이다. 그래서 우리가 사는 곳에서는 어디서나 긴장과 평화가 공존한다. 우리 세균의 입장에서나 인간의 입장에서나 이 상태가 좋다. 물론 가끔 긴장과 평화가 깨지기도 한다. 그러면 보통은 가벼운 국지전이 벌어진다. 상황이 심해지면 전면전으로 번지기도 하지만 그런 일은 흔치 않다. 인간은 그들 스스로가 생각하는 이상으로 힘이 세다. 그런데도 인간들은 이런 사실을 모르는 듯하다. 가벼운 국지

전에도 늘 전면전에나 써야 할 폭탄을 서슴없이 떨어뜨리곤 한다.

그럼 우린 어떡하냐고? 당연히 우리에게도 대응책이 있다. 얘기했듯, 모든 생명은 생존과 번식이 목적이고, 이것은 인간들이나 우리나 마찬가지다. 인간들의 폭탄에 대응해 우리도 적응하며 살아남았다. 처음 폭탄을 만났을 때, 우리는 거의 전멸하다시피 했다. 하지만 적은 수이긴 해도 우리 중 힘이 센 몇몇은 다행히 살아남았다. 그렇게 살아남은 동료들은 번식을 해서 수를 늘린다. 또 폭탄이 떨어지면 다시 대부분이 죽어나가지만 적은 수의 몇몇은 또 살아남는다. 이런 일이 반복될수록 살아남는 세균은 더 강해진다. 고난을 겪을수록 더 강해지는 것은 당연한 일이 아닌가.

결과는? 우리가 세진 것이다. 인간들도 마찬가지 과정을 겪으며 오늘에 이르지 않았는가. 빙하기나 전염병, 추위와 배고픔을 이겨내고 살아남은 인간들이 번식을 해서 지금의 인간 사회를 이루어 살아가고 있듯이, 수많은 폭탄을 이기며 살아남은 우리는 더욱 강해져 공동체를 이루며 살아간다. 이제 우리는 웬만한 폭탄에는 끄떡없다. 인간들이 항생제라는 폭탄을 처음 발견한 것은 100년도 채 안 되고, 본격적으로 쓰기 시작한 것은 70여 년 전부터이지만, 이 정도 시간이면 우리에게는 새로운 역사를 쓸 만큼 긴 세월이다. 우리는 인간들과는 비교도 되지 않을 만큼 빠르게 번식하기 때문이다. 인간들은 한 세대를 30년 정도로 잡지만, 우리에게는 한 시간도 채 되지 않는다. 한 시간도 안 되는 시간에 우리는 번식을 해서 다음 세대를 만든다는 말이다. 70년간 이런 일이 반복되었다고 생각해보라. 우리는 예전의 우리가 아니다.

인간들은 이렇게 강해진 우리에게 여러 가지 이름을 붙인다. 대표적인 것이 '항생제 내성 황색포도상구균'(MRSA, Methicillin Resistant *Staphylococcus Aureus*)이다. 인간들이 만든 항생제 폭탄에도 우리가 죽지 않는다고 그렇게 이름 붙인 것이다. 인간은 늘 이런 식이다. 우리는 그저 환경에 적응하며 살아갈 뿐인데.

통생명체, 세균과의 화해선언?

이제 인간들에게 묻고 싶다. 우리와 군비경쟁을 계속할 것인가?

물론 인간들에게 항생제라는 걸 더 이상 개발하지 말라고 요구하는 것은 아니다. 인간들 입장에서는 당연히 필요할 것이다. 우리 역시 다른 세균들을 견제하기 위해 인간들이 박테리오신(bacteriocin)이라고 부르는 물질을 늘 만들고 개량한다. 그래야 우리도 외부 생명체와의 경쟁에서 살아남을 수 있다. 내가 지적하고 싶은 것은 인간들이 그 폭탄을 너무 자주, 너무 쉽게 쓴다는 것이다. 다시 한 번 강조하지만, 우리는 인간의 몸에 원래 사는 생명체이다. 인간이 지구에서 살아가듯이, 우리도 인간 몸에서 살아간다. 그걸 인정하라는 것이다. 세균의 생존권을 보장하라!

인간들은 지난 100년 동안 지구를 마음대로 들쑤셔 놓았다. 마치 이 지구의 지배자인 양 산을 깎고 구멍을 뚫어 길을 만들고, 바다에 쓰레기를 마구 가져다 버리고, 자동차라는 걸 만들어 역겨운 냄새가 나는 연기를 내뿜고 있다. 그리고 그 때문에 지구 대기에 커다란 구멍이 뚫렸다고 한다. 인간 사회 한쪽에서는 이런 것을 좀 자제하자는 반성이 있다는 것도 알고 있다.

나는 이런 반성이 인간들 스스로의 몸을 향해서도 일어나기를 바란다. 지구를 마구잡이로 망치듯이, 인간들은 마구잡이 폭탄을 사용해 스스로 몸을 망치고 있다. 인간의 마구잡이 폭탄은 생명이란 게 탄생한 이후 오랫동안 긴장과 평화를 지속해온 관계에 말 그대로 폭탄을 떨어뜨리고 있다. 이런 행위를 지속한다면 지구를 망쳤듯이 인간 스스로를 망치게 될 것이다. 지구의 생명을 교란시키고 결과적으로 인간들의 지속가능성도 낮추게 될 것이다.

만약 인간들이 우리와의 군비경쟁을 멈출 용의가, 적어도 완화할 용의가 있다면, 가장 중요한 것은 생각을 바꾸는 것이다. 우리를 박멸해야 할 대상으로 여길 것이 아니라, 공존하고 공생하는 관계로 생각해야 한다는 것이다. 지난 100년을 제외하면 오랫동안 그래 왔듯이.

폭탄 얘기를 너무 길게 한 것 같은데, 실은 내가 정말 하고 싶은 말은 따로 있다. 우리는 인간들, 그러니까 당신들에게 꼭 필요한 존재라는 것이다. 당신들은 나, 황색포도상구균을 병을 일으키는 존재로만 알지만, 실은 더 안 좋은 녀석들이 당신들의 피부에 붙지 못하도록 견제하는 역할도 한다. 입안에서 내 동료 세균들은, 당신네들이 혈관건강에 중요하다고 생각하는 산화질소(Nitric Oxide)를 만드는 데 정말 중요한 역할을 맡고 있다. 장에 사는 또 다른 동료들은 단쇄지방산(Short Chain Fatty Acid)이라는 걸 만들어 당신들의 지킴이들을 더 건강하고 기운 차게 만

들기도 한다. 게다가 당신들이 대장균(*E. coli*)이라고 부르는 내 동료들은 당신들의 몸이 스스로 만들지 못하는 비타민을 공짜로 만들어주기도 한다. 아마도 당신들 몸에 나나 우리 동료가 없다면, 당신들은 단 1분도 버틸 수 없을 것이다.

게다가 나는 당신이 태어날 때부터, 아니 당신이 어머니의 뱃속에 있을 때부터 당신과 함께했다. 나의 동료들 중 상당수는 당신 어머니의 몸에 살다가 당신이 어머니의 자궁에 있을 때, 어머니로부터 이 세상에 나올 때, 어머니의 젖을 빨아먹을 때 당신에게 전해졌다. 나는 당신이 먹고 자고 싸고 힘들어할 때도 늘 당신과 함께했다. 나도 가끔은 당신을 괴롭혔고 내 동료들 중 당신을 아프게 하는 녀석들도 있다는 것을 인정한다. 하지만 나나 내 동료 대부분은 당신 몸에서 그냥 살아가는 존재들이고, 오히려 당신의 몸에 꼭 필요한 존재다. 당신이 우리에게 서식처와 먹을거리를 제공하는 대신, 우리 역시 당신을 더 나쁜 녀석들로부터 보호했고 당신에게 필요한 영양분을 만들어 제공했다.

최근 들어, 인간 과학자들이 '통생명체'라는 말을 만들어 사용하고 있다. 당신은 호모사피엔스라는 동물일 뿐만 아니라, 당신 몸에 살고 있는 우리 같은 미생물(나는 이 말도 마음에 안 든다. 당신들 눈에 안 보이는 생물들을 미생물이라고 싸잡아 부르는 이 말은 우리 입장에서는 상당히 불쾌하다)의 통합체라는 뜻이다. 나는 이 말을 오랫동안 폭탄으로 우리를 괴롭혀온 당신들의 화해 선언이라고 생각한다. 지금까지 우리를 적대시하기만 했던 지난 100년 동안의 태도를 반성하고 군비경쟁을 완화해서 함께 살아가 보자는 화해의 선언 말이다. 어떤가? 나는 이 통생명체란 말이 마음에 든다. 우리는 받아들일 수 있다.

자, 인간에게 다시 묻는다.

우리 세균과의 관계를 어찌할 것인가? 당신들의 태도를 결정하라.

우리 세균들에 대해
좀 더 알고 싶으시겠지?

먼저 크기부터 비교해 보시라.
여기에 등장하는 우리 세균의
대표선수는 대장균이다.

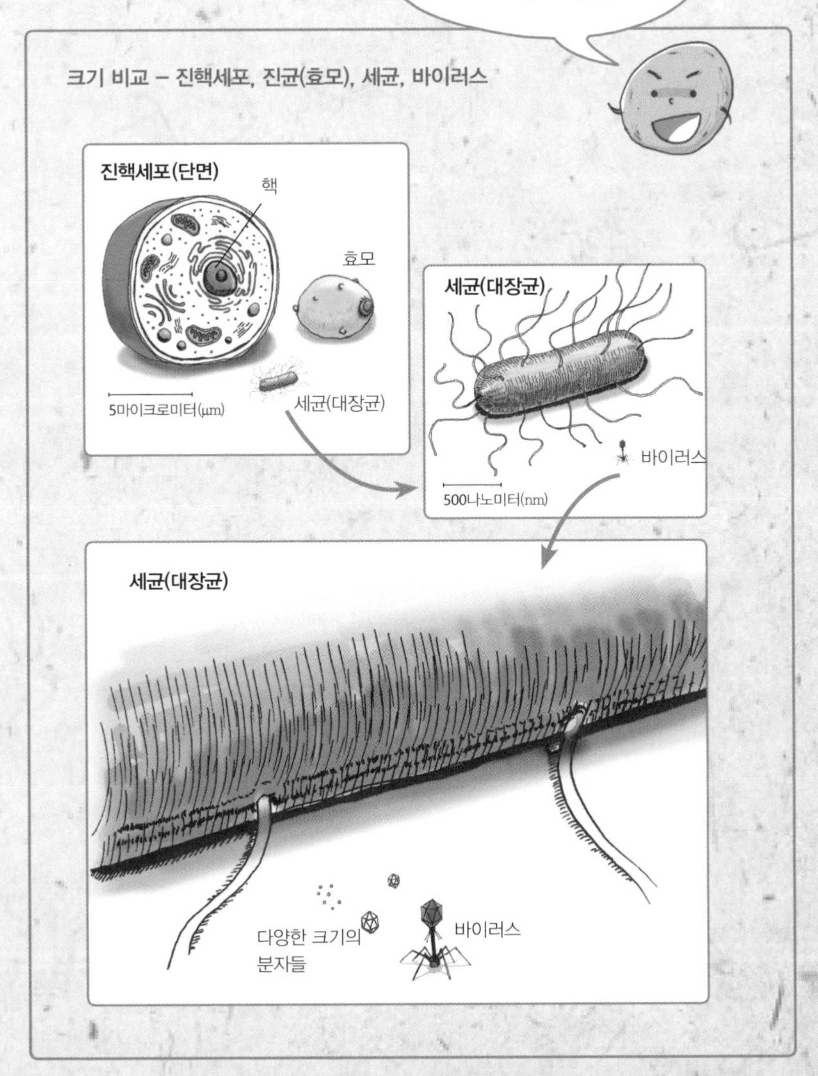

이번에는 인간 몸에 사는
수많은 세균들 가운데
대표선수 20을 뽑았다.

인간 몸에 사는 대표적인 세균 (5문 20속)

문 (Phylum)		속 (genus)	상주세균이며 감염 관련 종 (species)
후벽균 *Frimicutes*	1	사슬알균 *Streptococcus*	▪ 충치균(*S. mutans*), ▪ 폐렴사슬알균(*S. pneumonia*)
	2	포도상구균 *Staphylococcus*	▪ 황색포도상구균(*S. aureus*) ▪ 표피포도상구균(*S. epidermis*)
	3	루미노코쿠스 *Ruminococcus*	▪ 브로미(*R. bromii*); 대장에서 식이섬유 분해
	4	젖산간균 *Lactobacillus*	▪ 크리스파투스(*L. crispatus*); 여성 질에 상주
	5	베일로넬라 *Veilonella*	▪ 아티피칼(*V. atypical*); 구강 바이오필름 형성
	6	장내구균 *Enterococcus*	▪ 페칼리스(*E. faecalis*); 장에 주로 서식
의간균 *Bacteroidetes*	7	박테로이데스 *Bacteroides*	▪ 후라길리스(*B. fragilis*); 장염
	8	프레보텔라 *Prevotella*	▪ 인테르메디나(*P. intermedia*); 잇몸병
	9	포르피로모너스 *Porphyromonas*	▪ 진지발리스(*P. gingivalis*); 잇몸병

1. 사슬알균

2. 포도상구균

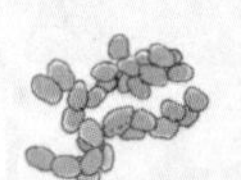
3. 루미노코쿠스

4. 젖산간균

5. 베일로넬라

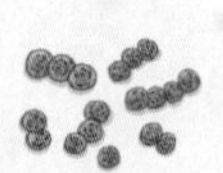
6. 장내구균

7. 박테로이데스

8. 프레보텔라

9. 포르피로모너스

10. 프로피오니박테리움

방선균 *Actinobacteria*	10	프로피오니박테리움 *Propionibacterium*	▪ 여드름균(*P. acne*)
	11	코리네박테리움 *Corynebacterium*	▪ 디프테리아(*C. diphtheria*)
	12	방선균 *Actinomyces*	▪ 이스라엘리(*A. israelii*); 화농성 감염
프로테오박테리아 *Proteobacteria*	13	모락셀라 *Moraxella*	▪ 카타랄리스(*M. catarrhalis*); 호흡기나 중이염
	14	헤모필루스 *Haemophilus*	▪ 인플루엔자 (*H. influenza*); 폐렴, 중이염, 인플루엔자균으로 생각되어 이름 붙였으나, 건강인의 인후부에도 존재한다.
	15	아시네토박터 *Acinetobacter*	▪ 바우마니 (*A. Baumanni*); 혈액감염
	16	나이세리아 *Neisseria*	▪ 임질구균 (*N. gonorrhoeae*)
	17	대장균 *Escherichia*	▪ 대장균(*E. coli*); 대부분은 상주, 간혹 식중독
	18	슈도모나스 *Pseudomonas*	▪ 녹농균(*P. aeruginosa*); 패혈증을 포함한 난치성 감염
	19	살모넬라 *Salmonella*	▪ 타이피뮤리움(*S. typhimurium*); 장에 서식. 대량 서식시 식중독
푸소박테리아 *Fusobacteria*	20	푸소박테리움 *Fusobacteria*	▪ 뉴클레아튬(*F. nucleatum*); 잇몸병, 대장암, 조산, 산모 태반에서 발견

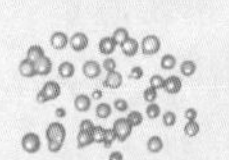

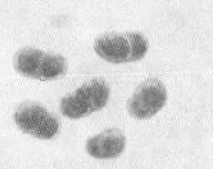
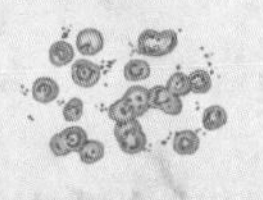
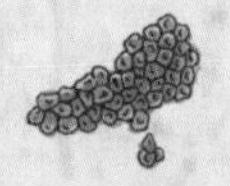

11. 코리네박테리움 12. 방선균 13. 모락셀라 14. 헤모필루스 15. 아시네토박터

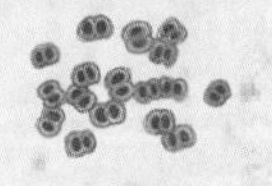
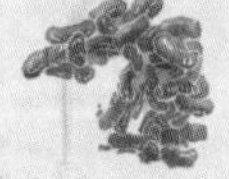
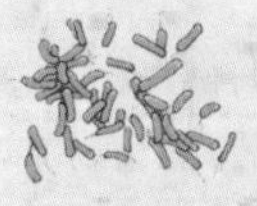
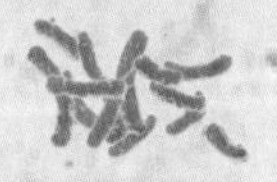
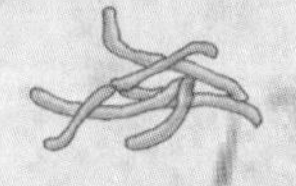

16. 나이세리아 17. 대장균 18. 슈도모나스 19. 살모넬라 20. 푸소박테리움

이 장에서는 나라는 존재는 호모사피엔스인 나와 내 몸을 서식처 삼아 살아가는 수많은 미생물들의 공존체임을 설명한다. 또 보이지 않지만 나를 이루는 주요한 주체인 미생물이 주로 서식하는 피부, 구강, 장, 호흡기의 중요성도 다룬다. 이 장을 통해 왜 우리 몸 미생물 관리가 중요한지를 느낄 수 있으면 좋겠다.

1장

통생명체,
내 몸과 미생물의 합작품

나는 통생명체다

1. 통생명체란 무엇인가?

통생명체는 holobiont라는 영어 단어를 번역한 말이다. 전체를 의미하는 holo(whole)와 생물 혹은 생명을 의미하는 bio를 합성한 말인데, 직역하여 전생물체(全生物體)라고 번역한 분도 있지만,[1] 나는 통생명체로 번역했고 이 말이 더 맘에 든다. '통'에는 세 가지 의미가 중첩되어 있다. 하나는 나와 내 몸 미생물 전체를 '통'으로 보자는 것이고, 또 하나는 통생명체 안에서 나와 내 몸 미생물이 서로 소통(疏通, interaction)한다는 의미이며, 나머지 하나는 통생명체 전체가 늘 외부 환경과 통(通)한다는 의미이기도 하다.

나라는 존재는 호모사피엔스일 뿐만 아니라 내 몸을 서식처로 삼은 수많은 미생물들이 살아가는 생명체이므로 통으로 보아야 한다. 또한 내 몸속에서 수십 조로 추정되는 내 몸 세포와 그보다 훨씬 더 많은 내 몸속 미생물들이 서로 소통하며 영향을 주고받고 있다. 나아가 내 몸속 미생물들은 외부 환경과 늘 통(通)하며 끊임없이 변화하고, 그 변화에 대응하여 내 몸 세포들도 끊임없는 도전과 응전을 하고 있다. 세포 단위로 보면, 인간은 거대한 다세포생명체이라서 인간의 몸에는 늘 미생물이 서식하며 생리적 작용을 함께하면서 진화해 왔다. 이런 사실은 모든 생물체를 개별적 단위로만 취급하던 생물학 전체를 뒤집으며 패러다임을 바꾸고 있는 중이다.[2]

통생명체의 상태는 고정되어 있는 것이 아니다. 끊임없이 변화한다. 우리가 접하는 모든 환경뿐만 아니라 먹고 숨을 쉬는 동안 우리 몸으로 들어오는 모든 물질에는 외부 미생물이 포함되어 있고, 그 미생물은 내 몸에 원래 살고 있던 미생물과 내 몸이 이루는 긴장과 평화에 영향을 미친다. 그래서 외부 환경과 미생물 환경은 우리 몸 건강에 중요한 역할을 한다. 둘 사이가 적절히 통하면 우리 몸 건강은 유지되고, 적절함이 깨지면 질병으로 간다.[3]

Holobiont라는 말을 처음 쓴 사람은 미국의 과학자 린 마굴리스(Lynn Margulis, 1938~2011년)이다. 이 과학자의 학설 가운데 가장 유명한 대목은 '세포 내 공생설'(endosymbiosis)일 것이다. 세포 속 미토콘드리아나 식물세포의 엽록소가 스스로 에너지를 만들고 자신만의 독자적인 유전자를 가지고 있는 것으로 보아, 원래는 독립적 세균이었던 것이 더 큰 세포 속으로 들어가 서로 공생하게 된 것이라는 주장이다. 또 이 공생이 진핵세포 탄생에 가장 중요한 사건이고, 생존 '경쟁'이 아닌 '공생'이 이 진화의 중요한 동력이라는 것이다.[4] 이 주장이 1967년에 제기되자 당시의 주류 과학자들은 참 황당한 얘기라며 심지어 학술저널에 실어주기를

1999년에 린 마굴리스가 당시 대통령 빌 클린턴에게 미국 국가과학상을 받는 모습

거부했다는 일화는 유명하다. 하지만 시간이 지나면서 많은 과학자들이 이 이론을 지지하는 발견들을 발표했고, 지금은 정설로 받아들인다. 그런 면에서 린 마굴리스는 20세기 생명과학의 혁명가 반열에 올려도 되지 않을까 싶다.

린 마굴리스는 여기에서 멈추지 않고 더 나아갔다. 세포 내 공생설을 확장해 각각의 유기체 전체도 공생체라는 주장을 내놓은 것이다. 이 주장을 담은 개념이 바로 '통생명체'(holobiont)이다. 마굴리스는 1991년에 통생명체 개념을 통해, 자연계의 모든 거대 생명체는 그 생명체 안에 서식하고 있는 미생물과 통합해서 보아야 한다고 주장한다.[2] 이 즈음 마굴리스는 이 지구의 모든 생명이 미생물에 의해 시작되었고 유지된다고까지 주장했다.[5] 38억 년 전 지구에서 탄생한 첫 생명이 바로 세균이었을 것이고, 그것이 진화와 진화를 거듭해 인간에까지 이르렀을 터이니 맞는 말이기도 하다. 마치 가이아(Gaia) 이론을 듣는 느낌이기도 하다.

여담이지만, 마굴리스의 삶은 개인적으로 내 학창시절을 돌아보게 한다. 마굴리스는 ≪코스모스(Cosmos)≫로 유명한 천문학자 칼 세이건(Carl Sagan, 1934~1996년)과 결혼했었는데, ≪공생자행성(Symbiotic Planet, A New Look at Evolution)≫이라는 책에는 칼 세이건을 처음 만나 함께 공부했던 학창시설을 회상하는 대목이 나온다. 대학교 1학년이던 마굴리스는 과학 시간에 아우구스트 바이스만(August Weismann, 1834~1914년)이나 한스 슈페만(Hans Spemann, 1869~1941년) 같은 20세기 초 걸출한 과학자들의 에세이를 읽으며 공부했다고 한다. 그러면서 그들은 "과학이 하나의 사유방식이고 과학을 통해서 중요한 철학적 질문들의 해답을 찾아가는 방법을 배웠다"(≪공생자행성≫, 52쪽)고 회상한다. 그러니까 그들의 탁월한 연구성과는 철학적 사유와 과학적 방법이 만들어냈다는 것이다. 문과와 이과가 나뉘어 있고, 과학과 철학은 거리가 멀며, 과학은 사유와는 동떨어진 수식으로만 다가왔던 나의 학창시절이 아쉬움과 함께 떠올랐다.

통생명체라는 말이 본격적으로 조망을 받게 된 것은 21세기 벽두부터 시작된 미생물학의 혁명 덕이다. 내가 치과대학 다닐 때인 1980년대만 해도 우리 몸속 미생물을 관찰하고 파악하는 방법은 배양(culture)을 통한 것뿐이었다. 예컨대, 잇몸 속 플라그의 미생물을 관찰하려면 기구로 잇몸 속을 긁어 샬레라고 부르는 접시에 넣어야 한다. 샬레 안에는 이미 세균이 먹고 사는 데 필요한 탄수화물이 들어 있다. 그리고 적정한 온도에서 일정 시간 배양한 후 현미경으로 관찰한다. 그런데 그 과정 하나하나가 미생물에게는 모두 커다란 장벽이 된다. 일단 잇몸에서 나오는 순간, 더 많은 산소에 노출된다. 잇몸 속은 산소가 많지 않아 잇몸 속 플라

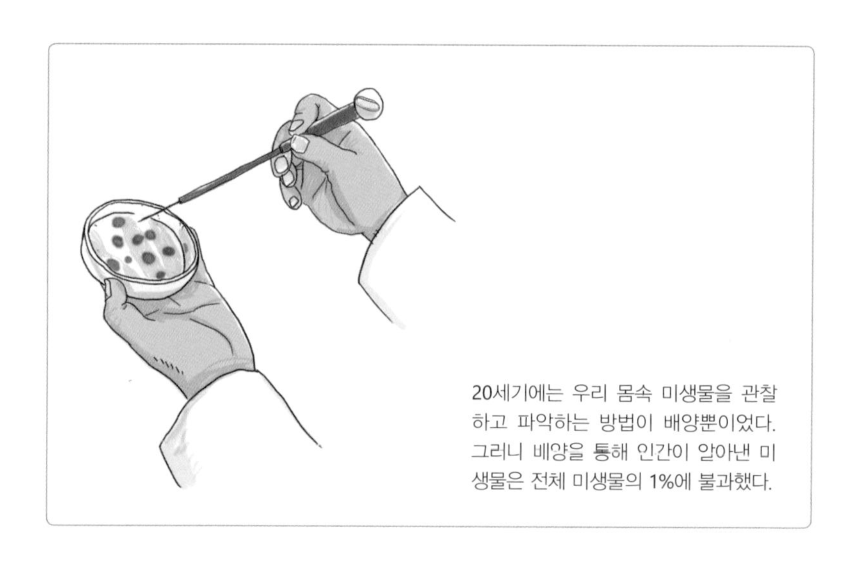

20세기에는 우리 몸속 미생물을 관찰하고 파악하는 방법이 배양뿐이었다. 그러니 배양을 통해 인간이 알아낸 미생물은 전체 미생물의 1%에 불과했다.

그를 만드는 세균은 흔히 혐기성 세균(anaerobic bacteria)이라고 부르는 것들이 많은데, 이들은 공기중 산소에 노출되는 순간 죽고 만다. 당연히 샬레에서는 키울 수 없고 관찰될 리도 없다. 또 우리 인간처럼 대부분의 세균들이 탄수화물을 에너지원으로 삼는 것은 사실이지만, 꼭 그런 것은 아니다. 세균들 중에는 심지어 황을 에너지원으로 삼는 것들도 있다. '적정한' 온도나 시간이라는 것 역시 모두 인간이 추론한 변수일 뿐이다. 말하자면, 20세기의 미생물학은 인간이 스스로 만든 조건을 통과한 미생물만을 관찰한 결과였고, 그것만이 존재한다고 여기며 주장해온 것이다. 그래서 켄 닐슨(Ken Nealson)이라는 학자는 20세기에 배양을 통해 인간이 알아낸 미생물은 전체 미생물의 1%에 불과하다고 주장하기도 한다.[6]

이처럼 분명한 한계를 넘어서는 결정적 계기는 유전자 분석기법을 미생물학에 도입한 것이었다. 인체게놈프로젝트(Human genome project)가 진행된 1990년대에 전세계 수많은 과학자들은 31억 쌍에 달하는 인간 유전자를 읽기 위해 경쟁했고, 그에 따라 기술이 대폭 발전했다. 그렇게 눈부시게 발전한 기술로 과학자들은 2002년 마침내 인체게놈프로젝트의 결과를 내놓았고, 곧바로 인간의 몸에 살고 있는 미생물들의 유전자를 읽는 작업에 들어갔다. 그 덕에 배양만으로는 존재 자체도 알 수 없었던 수많은 미생물들이 정체를 드러내기 시작했다. 1%에서 100%를 향해 내달리기 시작하면서, 우리 몸에는 우리가 상상하는 이상으로 많은 종류의 미생물이 곳곳에 살고 있음이 밝혀진다. 수적으로 보면, 우리 몸에 사는 세균이 우리 몸을 이루는 수십 조의 세포보다 더 많다. 유전자 수로 보면 우리 몸에 살고 있는 미생물들의 유전자가 우리 유전자보다 수백 배나 많다. 이른바 미생물학의 혁명(The revolution of microbiology)이 진행되고 있는 것이다.

생명과학이나 의학에서도 미생물학의 혁명이 미친 영향은 엄청나다. 20세기 미생물을 대하는 의학의 태도는 19세기와 다를 바 없었다. 1880년대 현대 미생물학의 아버지들이라 칭송받는 코흐와 파스퇴르는 음식이 부패되고 와인이 만들어지고 질병이 일어나는 원인으로 눈에 보이지 않는 세균들을 지목했다. 1680년대 네덜란드 아마추어 과학자 레이우엔훅에 의해 치아의 플라그 속 세균이 처음 관찰된 지 200년 만에 처음으로 세균이 인간의 생활과 건강에 연결된 것이다. 이후 코흐와 파스퇴르는 서로 경쟁하듯 탄저균과 콜레라균을 발견하여 이들이 탄저병과 콜

숫자로 본 내 몸과 내 몸 미생물 비교

100조

우리 몸 세균의 수는 내 몸 세포보다 1.3배 많은 많은 100조 정도로 추정된다.

90%

우리 몸이 건강한 상태를 유지할지 질병 상태로 갈지는 90% 정도가 미생물에 의해 결정된다.

150배

우리 몸 세균의 유전자를 모두 합하면 내 몸보다 150배 많다.

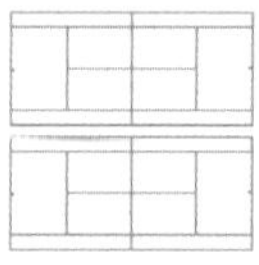

모든 사람은 마치 지문처럼 독특한 세균 군집을 가지고 있다.

95%

펼쳐 놓으면 테니스장 두 개 크기만한 장속에 내 몸 세균의 95%가 살고 있다.

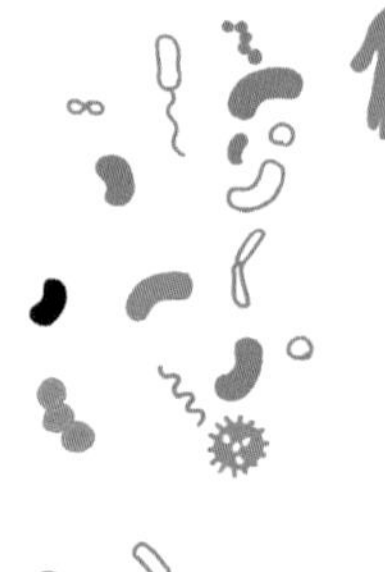

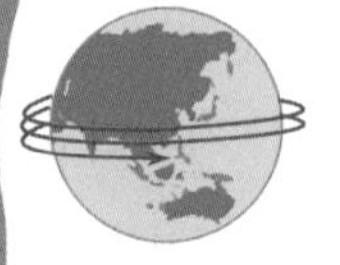

2.5바퀴

이들을 일렬로 세우면 지구 2.5바퀴를 돌 정도다.

5배

우리 몸에 서식하는 바이러스의 수는 세균보다 5배 정도 많다.

2kg

종(species)으로 살펴보면 1만 종 이상이 살고 있고, 무게는 2kg 정도 된다.

레라의 원인임을 증명하기도 한다. 이 과정을 통해 확립된 것이 바로 지금까지도 과학책과 미생물 교과서에 등장하는 '코흐의 가설'과 '세균질병설(germ theory)'이다.

20세기 의사들과 과학자들이 세균을 대하는 태도는 코흐의 가설과 세균질병설에 입각해 있었다. 대표적인 예로 들 수 있는 것이 잇몸병이다. 내가 치과대학 다닐 땐 잇몸병의 원인이 AA(*Aggregatibacter Actinocetemcomitans*)라는 긴 이름의 세균이라고 배웠다. 잇몸병에 걸린 사람들에게서 시료를 채취해 배양해 보았더니, AA가 늘 검출된다는 게 그 근거였다. 그러면 해결책도 간단하다. AA를 잡는 항생제를 투여하면 된다. 그래서 AA를 잡기 위해 먹는 항생제로 아목시실린, 아예 잇몸에 항생제를 짜넣는 미노클린, 입안을 가글로 씻어내는 헥사메딘 등이 개발되고 추천되었다. 하지만 당시에도 모든 잇몸병 환자에게서 AA가 있는 것도 아니며 AA가 있어도 잇몸병에 걸리지 않는 사람도 있다는 것은 알려져 있었다. 불완전한 가설이었던 셈이다.

코흐의 유산은 21세기 초까지도 유지된다. 여기에서 질문 하나를 던져 보자. 건강한 사람의 폐에는 세균이 살까? 살지 않을까? 20세기 의학은 폐렴을 코흐의 가설에 입각해 대처해 왔다. 건강한 사람의 폐에는 세균이 살지 않다가 폐렴균(*Streptococcus pneumoniae*) 같은 병적 세균이 침범했 때 생긴다는 것이다.[7] 당연히 해결책 역시 폐렴균을 잡을 아목시실린이나 마크로리드 같은 항생제가 추천된다. 하지만 이런 이론은 명백히 틀렸다. 21세기에 들어서면서 쏟아져 나온 새로운 연구의 결과는 건강한 사람의 폐에도 원래 다양한 세균들이 살고 있음을 보여준다.

지금 돌아보면, 건강한 사람의 폐에 세균이 살지 않는다는 발상이나, 폐렴이나 잇몸병 같은 감염질환이 특정 세균 때문에 생긴다는 주장은 매우 무지하거나 순진했다는 느낌이 든다. 늘 공기를 들이마시는 폐나, 늘 음식이 들어오는 구강에 어떻게 세균이 살지 않거나 특정 세균만 살겠는가? 1991년에 이미 린 마굴리스가 설파한, 이 지구가 미생물의 행성이라는 주장을 조금만 진지하게 받아들였더라도, 늘 공기와 음식이 오가는 공간에 수많은 세균들이 살 수밖에 없다는 것은 상식이 되었을 테다.

2010년 이후에는 늘 외부와 접하는 피부나 소화관, 호흡기뿐만 아니라 혈관이나 혈관을 통해야 갈 수 있는 우리 몸 곳곳에도 상주 세균들이 있음이 밝혀지고 있다. 여성들의 유방이나 모유, 심지어 건강한 산모의 자궁과 태반에서도 세균이 발견되었다는 연구 결과는 실로 충격적이었다.[4,8,9] 또 알츠하이머나 당뇨처럼 언뜻 미생물과 관련이 없어 보이는 질환들도 알고 보니 미생물 때문일 수 있다는 주장이 나오고 있다. 말하자면 우리 몸 자체가 미생물 천지이고, 통생명체로 접근해야 우리 몸을 제대로 이해할 수 있다는 것이다.

그럼 질병은 어떨 때 생기고, 진행되는가? 특정 세균이 아니라면 어떤 세균이 원인이고, 대책은 어떠해야 하는가?

첫째, 우리 몸은 원래 세균이 살고 있는 통생명체라는 인식이 우선되어야 한다. 우리 몸과 우리 몸속 미생물은 공존하면서 긴장과 평화를 유지한다. 이것을 우리 인간의 입장에서 '면역'이라고 부른다. 우리의 면역력이 크면 평화의 시간은 길고 범위는 넓어진다. 반대로 우리가 피곤

하거나 스트레스를 받거나 질 나쁜 음식을 먹어 면역력이 떨어지면 평화의 시간은 짧고 범위는 좁아진다.[10] 그래서 늘 몸과 마음을 평안히 하고, 좋은 음식과 좋은 공기로 우리 몸의 건강한 상태를 유지해야 한다. 독감이 유행을 해도 걸리는 사람이 있고 걸리지 않는 사람이 있다. 문제는 우리 몸의 상태다.

둘째, 평소 우리 몸 미생물의 양을 줄여야 한다. 통생명체라고 해서 미생물이 마냥 늘어나도록 내버려 두어서는 안 된다. 우리 몸 안에서 우리 몸과 미생물 사이의 긴장과 평화가 지속되도록 신경을 써야 한다. 미생물의 양이 크게 증가하면 우리 몸이 밀릴 수밖에 없다. 상한 음식을 먹거나, 독감 바이러스가 기승을 부릴 때 병원을 찾아 미생물이 가득한 공기를 마시거나, 변비가 심하거나, 더러운 것을 만지고 씻지 않거나, 칫솔질을 하지 않는 것 등은 모두 우리 몸 미생물의 양을 대폭 증가시킨다. 이렇게 미생물로 인한 부담(microbial burden)이 늘면 우리 몸은 질병으로 갈 수 있다. 건강한 위생활동이 우리 몸의 미생물 부담을 낮춰 질병을 예방한다는 것은 역사가 증명한다. 상수도와 하수도를 구분하는 등으로 생활환경을 개선하는 사회적 위생관리와 건강한 개인 위생관리로 미생물 부담을 대폭 낮춘 것이 20세기 인류의 수명을 대폭 늘리는 데 1등 공신이었다.

셋째, 특정 미생물이 외부에서 침투해 질병을 일으킬 수 있다는 것도 기억해야 한다. 물론 이것은 대부분 우연일 수밖에 없다. 똑같은 미생물이 침투해도 질병으로 가는 사람이 있고 그렇지 않은 사람이 있다. 하지만 평소 생활환경을 정리하면 가능성은 낮출 수 있다. 또 내 몸의 면역력이 좋다면 확산될 가능성은 낮아진다. 다시 한 번 우리 몸의 상태가 문제라는 걸 지적하지 않을 수 없다.

그렇다면 생각해보자. 건강한 몸은 무균 상태이며 특정 세균이 병을 일으키는 원인균이라고 생각한 20세기 의학이 오랜 기간 설득력을 가진 까닭은 무엇일까? 그건 항생제 덕이다. 의사들이 AA나 폐렴균을 잡는다고 투여했던 항생제는 원인균으로 지목된 세균들만 잡은 게 아니었다. 원래 항생제에는 그런 선별 능력이 없다. 항생제가 투여된 공간에 살고 있는 비슷비슷한 세균을 모두 죽인다. 게다가 많은 의사들은 우리 몸속 미생물을 깡그리 죽이는 광범위 항생제(Broad spectrum antibiotics)를 선호한다. 말하자면, 항생제는 병에 걸린 환자의 몸속 미생물을 깡그리 죽여서 전체적인 미생물의 부담을 낮춘 것이다. 앞에서 얘기한 두 번째 대책, '미생물 부담 낮추기'를 평소의 위생습관이 아닌 항생제에 의존해온 것이다. 당장 급하니 항생제를 투여해 미생물을 줄였던 것인데, 그렇다고 해도 그 병을 온전히 치유한 것은 내가 첫 번째 대책으로 꼽은 '우리 몸의 면역력' 덕분이다. 항생제는 병이 커졌을 때 미생물로 인한 부담을 줄이는 데 도움이 되지만, 최종적으로는 질병을 이겨내는 것은 우리 몸의 면역력인 것이다. 이렇게 질병을 이겨낸 이후에 우리 몸은 다시 미생물과의 새로운 평형 상태를 찾아 통생명체로서 살아간다.

2. 통생명체로서 내 몸을 어떻게 볼까?

통생명체로 이해하는 인체도

인터넷으로 인체 해부학(Human anatomy)을 검색해보면, 우리 몸을 설명하는 수많은 그림들이 뜬다. 우리 몸을 공부하기 위해 해부학이라는 학문이 생겼고, 그것을 익히기 위해 의학도들은 해부 실습을 한다. 그런데 그런 복잡한 해부도를 보면 우리 몸이 제대로 이해될까? 실은 늘 몸에 대해 공부하고 생각하고 직업으로서 대하는 내게도 그런 그림들은 너무 복잡하다. 좀 더 기본과 기본이 아닌 것을 구분하고, 우선과 나중을 구분하고, 중요한 것과 덜 중요한 것을 구분해서 볼 수는 없을까?

물론 이런 단순화도 어떤 것을 기준으로 삼느냐에 따라 다르겠지만, 나는 통생명체를 이해하는 관점에서 몸을 단순하게 설명하는 그림 하나를 그렸다(그림 1). 인체를 구강부터 소화관까지 가운데가 뻥 뚫린 관 모양으로 보는 것이다. 일본의 분자생물학자 후쿠오카 신이치가 쓴 책 ≪동적평형≫에서 관련 대목을 읽다가 참 좋은 아이디어라고 생각되어 차용한 것이다. 이런 비유를 통해 신이치는 소화관을 몸의 내부가 아닌 외부로 보았고, 음식이 소화관을 통과하는 동안 분자 단위로 해체되어 장 세포를 통해 흡수되어야 비로소 몸 내부로 들어온다고 설명한다.

이처럼 단순한 그림에는 "잘 먹고 잘 싸는 것이 가장 중요하다"는 것을 중심으로 우리 몸을 보는 명쾌함이 있다. 잘 먹고 잘 싸면, 소화관 주위에서 우리 몸을 구성하고 있는 심장, 폐, 신장 등의 다른 장기들이 원활히 돌아가는 데 필요한 에너지와 자양분을 얻을 것이다. 또 잘 먹고 잘 싸야 우리 몸의 혈액을 비롯한 모든 액체와 기운들이 잘 순환될 것이다. 그래서 우리는 좋은 음식을 골라 꼭꼭 씹어 잘 먹어야 하고, 또 그렇게 잘 먹어야 잘 쌀 수 있으며, 몸의 기본을 유지할 수 있다.

미생물의 입장에서 보아도 신이치의 비유는 타당해 보인다. 우리 몸 미생물은 입을 통해 들어가 장을 거쳐 항문으로 자유롭게 오갈 수 있다. 물론 위에 버티고 있는 강산(strong acid)의 해자를 건너야 하지만 내가 먹은 음식에 포함되어 있는 미생물은 별다른 제약 없이 소화관을 오간다. 이것이 배탈이나 설사가 흔한 까닭이다.

또 미생물의 입장에서 보면 신이치의 관은 구멍이 더 뚫려야 한다. 위에는 코부터 시작해 폐로 이어지는 호흡기 관이 있어야 한다. 호흡기 역시 늘 외부 공기가 순환하는 곳이어서 외부 미생물에게 열려 있는 곳이다. 오히려 소화관의 위산과 같은 방해물이 없고, 먹을거리가 소화관만큼 풍족하지는 않아도 한순간도 숨을 쉬지 않는 사람은 없으니 미생물이 훨씬 더 자유롭게 자주 오간다. 이것이 감기, 기관지염, 폐렴이 흔한 까닭이다. 그리고 호흡기처럼 개방적이지는 않지만, 아래에도 방광부터 시작해 성기까지 이어지는 요로나 생식기 관이 있어야 한다. 여기에도 당연히 미생물이 살고, 가끔은 그 안쪽까지 올라가 문제를 일으키기도 한다. 그래서 요로나 생식기 감염 역시 흔하다.

이 모든 것을 종합하면 위에서 아래까지 연결된 호흡기 관과 더불어, 위와 아래에 외부를 향해 열린 관이 하나씩 더 추가되어 단순한 인체도가 완성된다(그림 1).

이렇게 완성된 그림이 분명하게 보여주는 것처럼, 우리 몸이 외부로

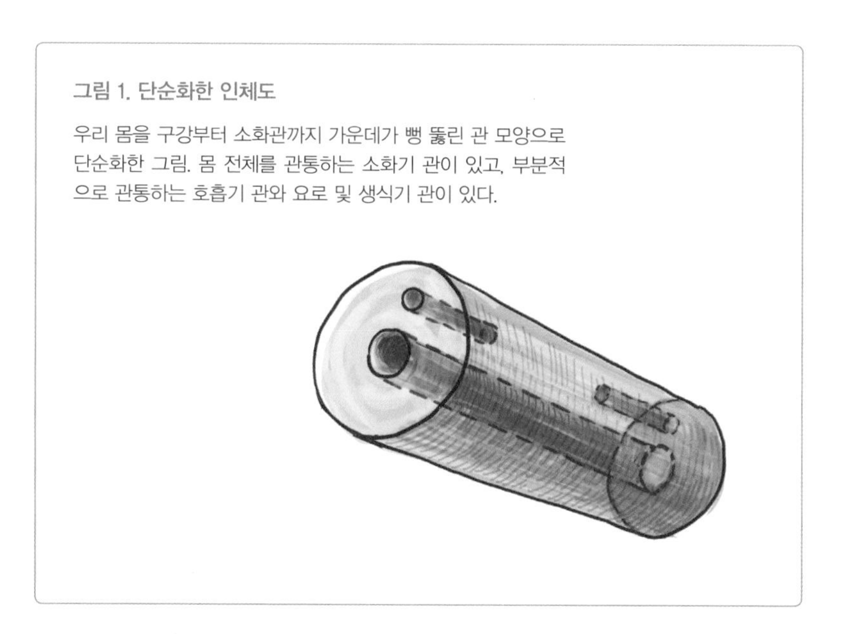

그림 1. 단순화한 인체도

우리 몸을 구강부터 소화관까지 가운데가 뻥 뚫린 관 모양으로 단순화한 그림. 몸 전체를 관통하는 소화기 관이 있고, 부분적으로 관통하는 호흡기 관와 요로 및 생식기 관이 있다.

열려 있는 것은 불가피하다. 우리는 생명활동을 위해 먹고 숨쉬고 싸고, 듣고 보아야 한다. 외부로부터 생명을 유지하는 데 필요한 자원을 얻고 정보를 받아들이기 위한 불가피한 장치들이다. 그래서 이 열려 있음은 우리 인간의 생물학적 정체성을 부여한다. 그리고 그와 더불어 우리 몸에 서식하고 있는 미생물과의 공존을 불가피하게 한다. 우리는 우리 몸을 늘 오가는 미생물과 계속 싸울 수는 없다. 미생물과 공존해온 기나긴 진화의 과정이 없었다면 우리 인간은 현생할 수 없었을 것이다. 인간뿐만이 아니다. 모든 동식물이 마찬가지다. 그래서 이 지구는 미생물과 함께 존재하는 통생명체들의 세상인 것이다.

우리 몸의 방어벽

이처럼 열려 있는 구조를 보완하기 위해 우리 몸은 나름의 방어벽(barrier)을 구축하고 있다. 뻥 뚫린 관의 바깥에서는 피부(skin)가 그 역할을 한다. 피부에는 피부 세포들이 촘촘히 뭉쳐져 있고, 그 위에 각질층도 만들고 피지까지 얹어서 우리 몸을 미생물로부터 보호한다. 물론 관의 바깥쪽 피부는 안쪽보다 세포층이 더 두텁고 세포의 순환도 빠르다. 외부 환경에 더 많이 노출되어 있을 뿐만 아니라, 햇빛 특히 강한 자외선에도 노출되기 때문에 수분이 날라가지 않도록 해야 하고 수리도 자주 해줘야 하기 때문이다.

관 안쪽도 방어막으로 덮여 있는데, 바깥쪽의 피부와 다르게 점막

그림 2.

피부와 점막은 구조가 같다. 얼굴 피부에서 입술을 거쳐 구강 점막으로
가는 곳을 떼어서 해부학적 구조를 보면 그 사실을 잘 알 수 있다.

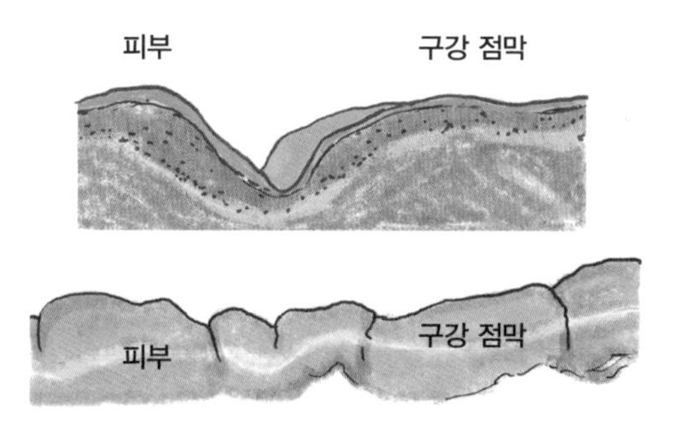

(mucosa)이라고 부른다. 이름은 다르지만 점막 역시 세포 구조는 피부와 완전히 똑같다. 입 주위 피부에서 입술이라는 중간단계를 거쳐 구강 점막으로 이어지는 조직의 단면은, 피부와 점막의 구조가 같음을 잘 보여준다(그림 2). 다만 바깥에 노출되어 있는 피부의 세포층이 더 두텁고 각질층이 있다는 것이 다를 뿐이다. 점막은 입안에서 식도를 거쳐 위와 장으로 이어지는 소화관과, 코에서 기도와 폐로 가는 호흡기, 방광부터 생식기 끝까지 모두 덮고 있다. 이들 역시 우리 몸으로 보면 바깥이긴 매한가지이기 때문이다.

피부나 점막에는 피부 조직이라는 물리적 장벽 외에도 방어장치가 하나 더 마련되어 있다. 피부와 점막을 코팅하여 한번 더 방어하는 물질이 준비되어 있는데, 피부는 피지로 코팅되고, 구강은 침으로 코팅되며, 장

과 폐는 점액(mucus, 점막의 액)으로 코팅된다. 이들은 성분이 다르지만 하는 일은 모두 같다. 관의 안과 밖의 표면을 보호하는 것이다. 침이나 점액은 주로 물로 이루어져 있는 데 비해 피부를 덮고 있는 피지(皮脂, secum)는 주로 지방으로 이루어져 있다. 햇빛에 노출되면 물은 증발되어 버리기 때문일 것이다. 주성분이 무엇이든 간에 이들 코팅 물질에는 모두 항균물질이 포함되어 있다. 침의 라이소자임은 가장 유명한 자연 항균물질이고, 점막의 뮤신(mucin) 역시 '점막(mu)을 덮고 있는 항균물질(cin)'이라는 뜻 그대로 미생물로부터 점막을 방어한다. 피지에도 항균력이 있는 펩타이드가 포함되어 있어 피부의 면역을 조절하는 역할을 한다.

방어벽은 또 있다. 피부나 점막 아래쪽에서 혹시라도 피부나 점막을 뚫고 들어오는 미생물들을 방어하기 위해 준비 태세를 갖추고 있는 면역세포들이다(그림 3). 피부 아래는 랑게르한스 세포(Langerhans cell)가, 점막 아래에는 수지상 세포(Dendritic cell)가, 각각 다른 이름으로 같은 역할을 한다. 둘 다 세균이나 손상된 세포를 먹어 치우는 대식세포(大食細胞, macrophage)라는 면역세포와 기원이 같은데, 환경에 맞게 스스로를 변화시켜 각각 피부와 점막을 순찰하다가 피부와 점막 바깥층을 뚫고 들어오는 미생물과 독성물질을 집어삼킨다. 또 스스로의 힘으로 방어가 불가능하다고 판단되면 신호물질(cytokine)을 대량으로 뿌려서 혈관을 돌고 있거나 다른 곳에 있는 면역세포들을 불러모은다.

이것이 다가 아니다. 방어벽은 또 있다. 랑게르한스 세포나 수지상 세포 같은 순찰대들이 모여 있는 지역지구대도 준비되어 있다. 우리 몸 곳

그림 3. 우리 몸의 면역세포들

피부와 점막 표면 아래에서 피부와 점막을 뚫고 안으로 들어오는
미생물로부터 우리 몸을 보호한다.

수지상 세포

미생물이나 암세포를 가장 먼저 인식하여 림프구에 전한다.

마이크로파지

긴 촉수로 적을 잡아 파괴하고, 그 파편을 헬퍼T세포에 전한다.

헬퍼T 세포

마이크로파지에게 정보를 받아 공격지령을 내려 사이토카인을 내보낸다.

NK 세포

늘 우리 몸을 돌며 바이러스에 감염된 세포나 암세포를 발견하면 즉시 공격하여 파괴한다.

킬러 세포

다른 세포나 이물질을 공격하여 파괴한다. 사이토카인의 작용으로 T세포를 공격한다.

곳에 자리하고 있는 길이 1~2cm 정도의 림프샘(Lymph node)들이 바로 그것이다(그림 4). 이들은 랑게르한스 세포나 수지상 세포, 대식세포를 교묘하게 피한 미생물들을 한번 더 검색해 싸운다. 가끔 목 양쪽 아래 림프샘이 붓는 것은 미생물이 그곳까지 침투해 들어와 우리 몸이 방어하고 있다는 신호다. 우리 몸의 헌병인 편도가 가장 흔하게 붓는 것도 같은 까닭이다. 우리 몸의 면역세포 중 80% 정도가 장 주변에 포진하고 있는 것 역시 같은 이유다. 우리 피부는 펼쳐놓으면 면적이 $2m^2$ 정도이

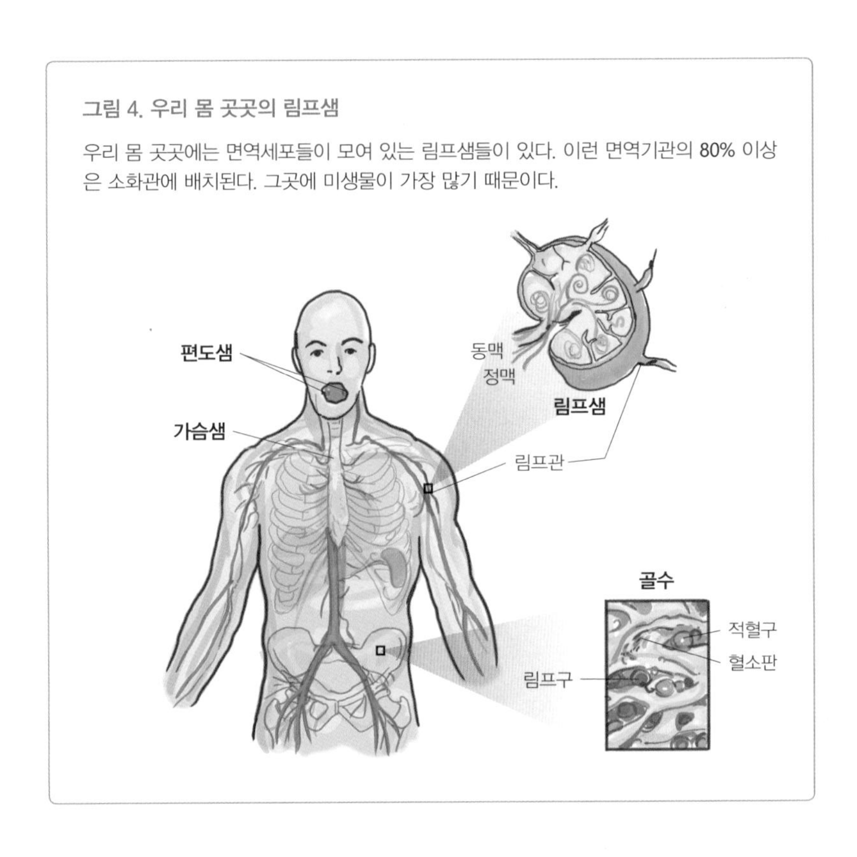

그림 4. 우리 몸 곳곳의 림프샘

우리 몸 곳곳에는 면역세포들이 모여 있는 림프샘들이 있다. 이런 면역기관의 80% 이상은 소화관에 배치된다. 그곳에 미생물이 가장 많기 때문이다.

지만, 길이만 7~8m에 이르는 장은 펼쳐놓으면 테니스장만큼 넓다. 그만큼 지역정찰대도 많이 필요하다.

우리 몸의 뻥 뚫린 관 안팎을 이렇게 촘촘히 방어하고 있는 방어벽은 우리 몸과 미생물이 견제와 협력, 공존과 투쟁을 거듭해야 하는 다이나믹한 상황이 만들어낸 진화의 작품이다. 이것은 우리 몸 자체가 미생물과 공존하고 있음을 보여주는 반증이기도 하다.

인체를 이처럼 단순화해서 이해하면, 피부나 점막 표면에서 왜 문제가 자주 생기는지 이해된다. 이것이 피부염, 잇몸병, 편도염, 감기, 폐렴, 장염, 변비 등이 가장 흔한 질환들인 이유다. 유전병을 포함해 다양한 질환을 겪기도 하지만, 우리가 병원을 찾는 가장 흔한 이유는 뻥 뚫린 관 주변에서 생기는 문제들 때문이다(표 1). 우리 몸의 많은 문제들은 미생물과의 긴장과 협력에서 실패하는 데서 비롯되는 것들이다.

표 1. 2016년 다빈도 상병 현황 (자료: 건강보험 진료 통계)

구분	순위	명칭
입원	1	감염성 및 상세불명 기원의 기타 위장염 및 결장염
	2	상세불명 병원체의 폐렴
	3	기타 추간판 장애
	4	노년 백내장
	5	치핵 및 항문 주위 정맥혈전증
	6	기타 척추병증
	7	무릎관절증
	8	급성 기관지염
	9	어깨병변
	10	뇌경색증
외래	1	급성 기관지염
	2	치은염 및 치주질환
	3	혈관운동성 및 알러지성 비염
	4	급성 편도염
	5	다발성 및 상세불명 부위의 급성 상기도감염
	6	치아우식
	7	본태성(원발성) 고혈압
	8	위염 및 십이지장염
	9	등통증
	10	급성 인두염

이 장에서는 내 몸을 이루는 중요한 주체인 미생물의 중요성을 피부, 구강, 장, 호흡기로 나누어 각각 설명한다. 이곳에는 우리 몸에서 가장 미생물이 많이 서식한다. 그래서 문제가 자주 일어나 병원을 찾는 가장 주요한 원인이기도 하다. 이곳에서 생기는 감염을 어떻게 대해야 할지도 설명하려 했다. 미생물 이름은 늘 자료를 보는 나 역시도 기억하기 어려워 최소한으로만 쓰려 했다. 그래도 몇몇은 불가피하게 등장하는데, 좀 복잡한 이름이나 설명 과정은 건너 뛰어도 된다. 그것을 기억하는 것보다는 전체적인 흐름, 말하자면 우리 피부, 구강, 장, 호흡기를 생명친화적으로 관리하자는 결론을 음미해주면 좋겠다. 모쪼록 우리 몸 미생물을 어떻게 다루어야 우리 몸과 건강한 긴장관계를 지속할 수 있을지를 생각해보길 바란다.

2장

내 몸속 미생물 돌보기

1. 피부 미생물 돌보기

피부에 사는 세균들

늘 외부 환경에 노출되어 있는 피부에는 수많은 미생물들이 살 수밖에 없다. 지금 자판을 두드리고 있는 내 손가락이나 콧잔등, 두피는 물론 피부의 일종이라 할 수 있는 손톱과 발톱 등에도 세균들이 산다(그림 1). 이런 피부 겉만이 아니라 피부 속으로 들어가 있는 땀샘이나 모낭, 진피층에도 정상적으로 세균, 진균, 바이러스 등이 살고 있다.[1] 이 미생물들 중에는 내가 세상에 태어날 때부터, 아니 어머니의 뱃속에서부터 내 피부에 살던 녀석들도 있고, 태어나는 동안 어머니의 산도에서, 태어난 후에 어머니의 젖가슴에서 옮겨온 녀석들도 있다. 또 이후 살아오면서 접하고 만난 수많은 환경과 사람들로부터 옮겨와 내 피부에 살고 있는 녀석들도 있다.

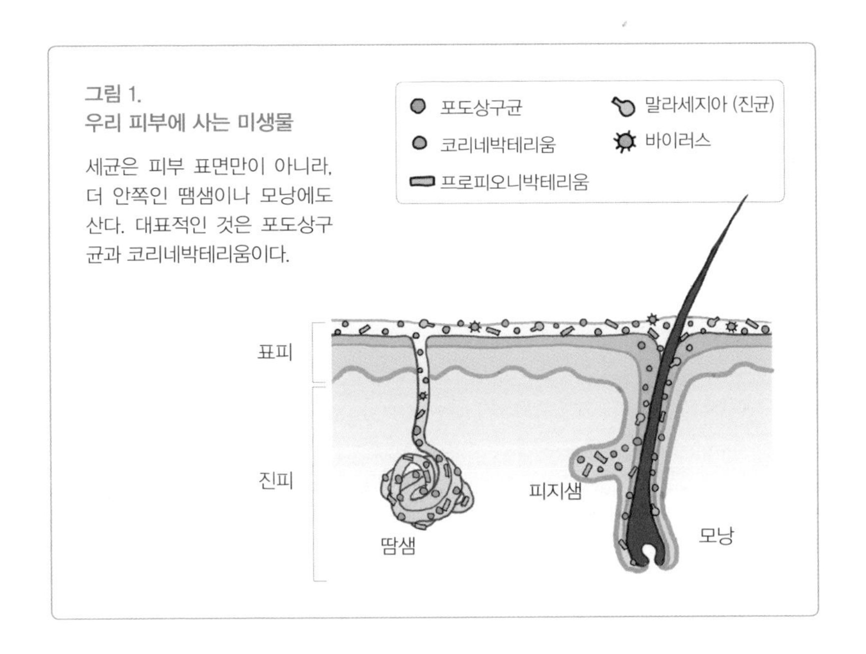

그림 1.
우리 피부에 사는 미생물

세균은 피부 표면만이 아니라, 더 안쪽인 땀샘이나 모낭에도 산다. 대표적인 것은 포도상구균과 코리네박테리움이다.

내 콧잔등을 긁어 채취한 샘플을 유전자 분석해서 어떤 세균이 살고 있는지 알아보았다(그림 2). 내 피부의 세균은 크게 나누면 두 개의 속(genus)에 속하는 녀석들이 많았다. 포도상구균(*staphylococcus*)과 코리네박테리움(*corynebacterium*)이 80% 넘게 살고 있다. 실은 이 두 속에 속하는 녀석들은 나만이 아니라, 세상 모든 사람들의 피부에 많이 서식하고 있는 종류들이기도 하다.[2] 공기중의 산소, 피부 각질층이 제공하는 먹이, 피부의 피지, 메마르지도 축축하지도 않은 습기 같은 조건들이 이 두 종류의 세균들이 살기에 적합하기 때문일 것이다.

여기에서 주목되는 것은, 내 피부 세균 가운데 포도상구균이 50% 넘게 차지하고 그 중에서도 황색포도상구균(*S.aureus*)이 약 25%를 차지한

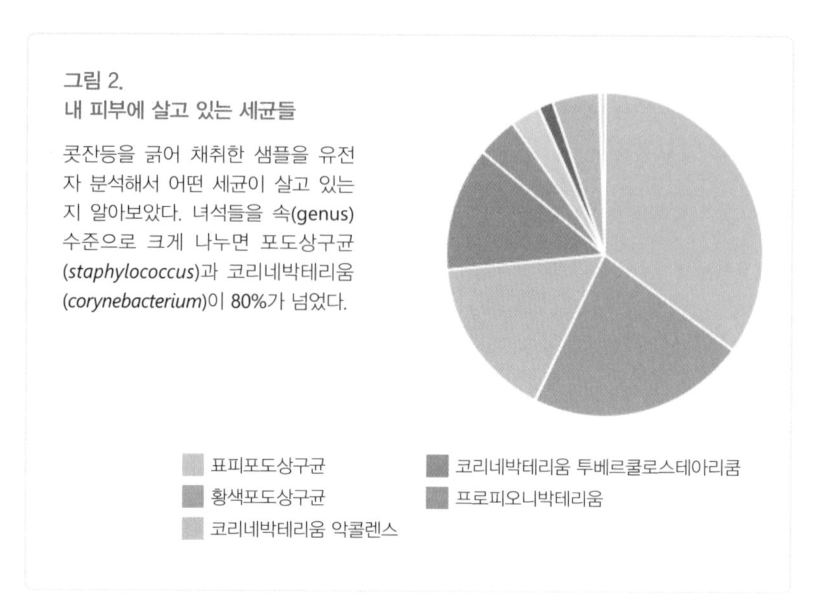

그림 2.
내 피부에 살고 있는 세균들

콧잔등을 긁어 채취한 샘플을 유전자 분석해서 어떤 세균이 살고 있는지 알아보았다. 녀석들을 속(genus) 수준으로 크게 나누면 포도상구균(*staphylococcus*)과 코리네박테리움(*corynebacterium*)이 80%가 넘었다.

다는 것이다. 황색포도상구균은 대다수 사람들의 피부에 사는 녀석이고 이 책의 서장에 소개할 만큼 유명한 세균이다. 이들 가운데 항생제 내성을 획득한 것들이 많기 때문이다. 미국 통계로 약 1% 정도의 황색포도상구균이 아주 강하게 항생제에 저항을 하는 것으로 알려져 있고, 이 문제로 연간 1만 명가량이 사망한다고 한다.[3] 그러니 내 피부에 살고 있는 황색포도상구균 역시 1% 정도는 '항생제 내성 황색포도상구균'(MRSA, Methicillin Resistant Staphylococcus Aureus)일 것이다.

피부 건강과 위생용품

피부는 외부 환경으로부터 나를 지켜 내 정체성을 유지하도록 만드는 경계막이고, 여기에는 늘 세균들이 살고 있다. 그 중에는 항생제 내성을 획득한 황색포도상구균도 포함되어 있다. 그럼 나는 어떻게 해야 할까? 이 세균들을 없애기 위해 늘 항균비누로 피부를 씻어내고 심지어 항생제를 바르거나 먹어야 할까?

꽤 오래 전에 일반인을 위한 미생물 강연을 갔을 때였다. 강연을 시작하기 직전에 한 어머니가 딸을 데리고 미리 나를 찾아왔다. 어머니는 딸이 늘 세균을 의식하고 씻는 데 강박이 있다며 내 강의가 도움이 되겠냐고 물었다. 도움이 될 것이라고 대답했다. 나는 일반적으로 사람들이 세균이 걱정되어 하는 일, 예컨대 세정제를 사용해 몸을 씻는 것과 같은 일은 하지 않기 때문이다. 그것이 원리적으로 좋다고 생각한다.

일단 내 피부에 포도상구균, 그 중에서도 황색포도상구균이 사는 것을 막을 수는 없다. 아무리 씻고 약을 발라도 황색포도상구균은 또 와서 산다. 줄일 수는 있을지라도 없앨 수는 없다. 설사 항생제에 강하게 저항하는 황색포도상구균이 산다고 해도 내가 미리 알 수도 없고 없앨 수도 없다.

또 나는 내 피부에 감염이 일어났다고 해도 그게 황색포도상구균의 탓이라고 생각하지 않는다. 그건 내 면역력 탓이다. 우리는 미생물과 함께 살아가는 통생명체이고, 미생물과의 긴장과 평화가 계속되는 우리 몸에 문제가 생기는 것은 주로 내 몸의 면역력에 문제가 생겼을 때이다.

그래서 나는 평소에 내 맘대로 할 수 있는 내 몸을 잘 돌보는 것에 관심을 둘 뿐, 내 마음대로 잘 안 되는 포도상구균을 특별히 의식하지는 않는다.

세균들 간의 균형을 고려해도 같은 결론에 이른다. 세균들은 우리 몸과도 긴장과 평화를 유지하며 살아가지만, 세균들끼리도 서로 경쟁하고 협력하며 나름의 생태계를 만들어 살아간다. 특히 피부 세균인 포도상구균과 코리네박테리움은 경쟁 관계에 있다. 이 둘이 함께 있으면 코리네박테리움이 포도상구균을 억제한다.

이런 사실은 동물실험에서도 확인이 된다.[4] 쥐에 포도상구균을 주입해서 감염시킨 후 코리네박테리움을 주입했더니 포도상구균이 감소한 것이다. 반대로 코레네박테리움은 혼자 있을 때보다 포도상구균과 함께 있을 때 더 늘었다(그림 3). 둘이 경쟁할 때 코리네박테리움이 더 증식하

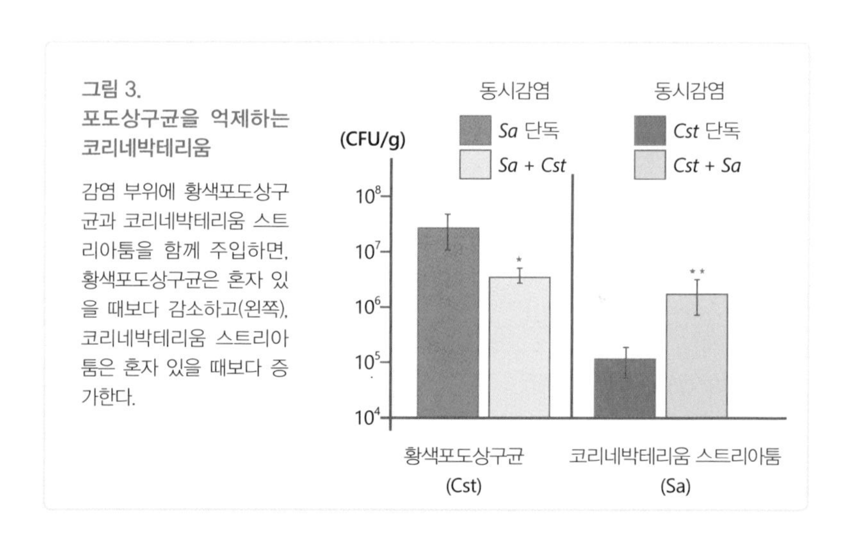

그림 3.
포도상구균을 억제하는 코리네박테리움

감염 부위에 황색포도상구균과 코리네박테리움 스트리아툼을 함께 주입하면, 황색포도상구균은 혼자 있을 때보다 감소하고(왼쪽), 코리네박테리움 스트리아툼은 혼자 있을 때보다 증가한다.

여 포도상구균의 생장과 감염 확산을 억제했다는 추론이 가능하다.

왜 그럴까? 이유를 찾기 위해 분석해보았다. 두 가지가 눈에 띄었다. 포도상구균이 코리네박테리움과 함께 있으면 인체에 독성으로 작용할 수 있는 유전자의 발현(gene expression)이 덜 된다. 구체적으로 포도상구균이 독성을 발휘하는 데 필요하다고 알려진 유전자(quorum signal accessory gene regulator, agr)가 줄어든다는 것이다. 대신 피부에 그냥 붙어서 지낼 수 있는 유전자의 발현이 늘어난다. 말하자면, 다른 세균을 모아 내 몸 내부로 뚫고 들어와 독성을 일으킬 수 있는 포도상구균이 코리네박테리움과 함께 있으면 그냥 피부에 눌러 사는 온순한 녀석으로 성질이 변한다는 것이다. 마치 미녀 옆에 있으면 온순해지는 야수 같다.

계면활성제

이런 결과는 우리가 피부 미생물을 관리하는 데 아주 중요한 사실을 알려준다. 피부에 상주하는 미생물을 키우라는 것이다. 좀 더 구체적으로 말하면, 매일 비누와 바디클렌저와 샴푸 등 온갖 세정제를 이용해서 피부와 피부에 사는 정상 미생물을 괴롭히지 말라는 것이다. 이들 세제 모두에 공통적으로 들어 있는 주성분은 계면활성제인데, 계면활성제는 내 피부를 보호하는 정상적인 각질층을 벗겨내고, 거기에 살고 있는 정상 세균들을 씻어내 버린다.

계면활성제 문제를 좀더 얘기해보자. 나 역시 내 피부에 아무것도 하지 않는 것은 아니다. 나도 피부 위생에 신경을 많이 쓰고 매우 중요하다고 생각한다. 내 몸의 미생물 부담을 낮추는 것이 감염과 질병의 가능성을 낮추는 것이라고 보기 때문이다. 그래서 잘 씻는다. 아침 저녁으로 샤워를 한다. 특히 저녁에는 꼭 샤워하려고 노력하는데, 하루 동안의 일상적인 활동과 진료하는 동안 내 몸에 묻어온 세균의 양을 줄이려 함이다. 다만 샤워할 때 비누를 쓰지 않고 물로만 씻는다. 30대부터 비누를 사용하지 않고 있는데, 내가 어렸을 때처럼 명절이 되어야 목욕탕에 가는 수준이라면 모를까, 매일 한두 번 온몸을 따뜻한 물로 씻어내는데 굳이 비누를 써야 할 필요를 느끼지 못한다. 그렇게 20년가량 비누를 사용하지 않고 지냈지만 피부에 아무런 문제도 생기지 않았고, 오히려 부드러운 속살에 만족한다. 기름기가 끼는 머리를 감을 때에는 샴푸를 쓰긴 하지만, 유용미생물(EM, Effective Microorganism) 샴푸를 골라 살짝 짜거나 한번만 문지르는 방식으로 최소한으로만 쓴다. 머리털에 묻은 기름기 정도만 제거하는 것으로 충분하다고 생각하기 때문이다.

피트니스 클럽에서 운동을 마치고 샤워를 할 때도 많은데, 나는 늘 의아하다. 사람들이 샤워실로 들고 들어오는 개인위생용품이 너무 다양하기 때문이다. 남자들인데도 바디클렌저, 샴푸, 린스 등 갖가지 용품들이 책가방만한 바구니에 가득 들어 있다. 샤워를 할 때에는 머리는 물론이고 온몸에 그런 용품들을 발라 거품을 잔뜩 내면서 닦아낸다. 매일 오시는 것으로 짐작되는 연세 드신 분도 볼 때마다 온몸 가득히 거품을 내서 몸을 문지른다. 그에 비해 작은 내 샤워통에는 면도기와 칫솔, 치약뿐이다.

시중에는 비누, 샴푸, 린스, 바디클렌저 등 수많은 개인위생용품들이 갖가지 이름으로 나와 있지만 주성분은 모두 같다. 계면활성제다. 계면활성제 중에서도 가장 많이 쓰이는 것은 소듐라우릴설페이트(Sodium Lauryl Sulfate, SLS)인데, 이것이 많은 위생용품의 핵심성분이다. 그리고 이것이 나에게는 가장 의아스러운 면이고, 현재 개인위생에서 가장 큰 문제로 보이는 부분이다.

계면활성제는 말 그대로 맞붙은 두 면(계면)을 활성화해서 떼어내는 것이다. 옷에 때가 묻었을 때, 화장실 바닥에 얼룩이 묻었을 때, 옷과 때라는 두 면, 바닥과 얼룩이라는 두 면을 활성화시켜 떼어내는 것이다. 거품이 이는 것이 두 계면이 활성화되는 장면이다. 원리적으로 보면, 지방과 물, 양쪽으로 친화적인 화학구조(이것을 양친매성amphiphilic이라고 한다) 때문에 계면활성제가 갖는 능력이다.

빨래를 하거나 몸을 씻을 때 비누나 세제를 쓰는 것은 꽤 오랜 역사를 갖는다. 심지어 기원전 3000년 경부터 비누를 사용한 흔적이 발견된다고 한다. 하지만 산업화된 비누가 나오기 시작한 것은 19세기 후반이고, 라우릴설페이트(Lauryl Sulfate)가 여러 세정제에 추가되기 시작한 것은 1930년대 무렵이다. 처음에는 천연 코코넛에서 추출되던 라우릴설페이트가 2차대전 이후 석유화학제품에서 추출되면서 제조단가가 대폭 낮아졌고, 훨씬 더 많은 세정제에 첨가되어 빨래나 청소 등에 쓰이며 환경위생을 개선하는 데 크게 기여했다. 물론 세탁비누와 세정제를 사용하면서 빨래와 청소가 훨씬 더 수월해지기도 했다.

환경위생에 사용되던 라우릴설페이트가 우리 몸을 닦는 개인위생제품에 사용되기 시작한 것도 2차대전 이후이다. 화학회사들은 계면활성제에 몇 가지 성분을 추가하여 질감을 바꾸고 여러 이름의 비누, 샴푸, 바디클렌저 등등의 개인위생용품들을 만들어냈다. 우리나라 역시 20세기 후반 소득과 생활 수준이 급속히 높아지면서 이런 제품들이 다양하게 생산되고 사용양도 늘었다. 최근에는 더욱 다양해져 운동 후 샤워실로 들어가는 사람들이 커다란 바구니를 사용하지 않으면 들고 다니기 어려운 정도다.

우리 몸에 쓰이는 계면활성제의 문제에 대해서는 많은 전문가들이 이미 오래 전부터 지적해왔다. 계면활성제는 우리 몸에서 때만 씻어내는 게 아니라, 우리 몸을 보호하는 데 필요한 각질층까지 떼어낸다. 그만큼 자극적이다. 샤워할 때 비누가 눈에 들어가면 따가운 것은 누구나 경험하는 일이다. 또 일부는 물로도 씻겨 내려가지 않고 피부 속으로 침투해 피부 세포의 방어막을 교란시킨다.[5] 환경 문제도 일으킨다. 몸을 씻어낸 거품은 하수구를 통해 지구 곳곳으로 흘러가는데, 독성 때문에 생태계에 심대한 문제가 된다.[6] 강한 자극과 독성은 피부 트러블을 일으키기도 한다. 물론 대부분의 사람들은 계면활성제를 사용해도 별 문제를 느끼지 못한다. 특별히 문제를 일으킬 만큼 농도가 높지 않기 때문인데, 그렇다고는 해도 쓰지 않거나 덜 쓰는 것보다 못하다는 것은 분명한 사실이다. 물로만 씻어내도 충분할 것을 세정제, 심지어 항균세정제를 사용하는 생활습관이나, 커다란 샤워 바구니가 마치 위생적이고 선진적인 것처럼 인식되는 것은 최소한 나에게는 자본주의적 상품욕망이 만들어낸 허구로 보인다.

항균제품

개인위생을 한 차례 더 강화한 것은 이른바 항균제품의 등장이다. 항균제품은 원래 병원에서 사용하는 것이었다. 대표적인 항균물질인 트리클로산(Triclosan)은 1964년에 스위스의 한 회사가 특허를 내면서 등장해, 1970년대부터 병원에서 수술 전에 의사의 손이나 수술 부위를 닦아내거나 수술용 봉합사를 코팅하는 데 사용되었다. 트리클로산 코팅 봉합사는 수술부위 감염을 30%가량 대폭 줄이는 데 도움되기도 했다.[7] 그러다가 1990년대에 들어서면서 일반 용품에도 항균물질을 사용하기 시작해, 항균제품들이 개인위생에 꼭 필요한 것인 양 선전되고 생산되고 있다. 일반 제품에 사용되는 항균물질 역시 트리클로산인데, 75% 넘는 항균비누에서 사용된다.[8]

항균제품에 사용하는 트리클로산 역시 많은 문제를 가져왔다. 대표적인 것은 항생제 저항성이다. 그 외에도 호르몬을 교란시키거나 알레르기를 일으키기도 하며, 심혈관질환에 관련된 문제가 지적되기도 했다. 또 우리가 사용한 트리클로산은 하수구를 통해 강으로 흘러 들어가 녹조류를 파괴하는 등 환경 문제를 낳기도 했다. 그래서 2016년 미국 식품의약국(FDA)은 트리클로산을 비롯한 19가지 항균 성분을 함유한 비누의 마케팅과 판매를 금지했다. 이유는 간단하다. 항균비누는 항균 효과면에서 보통 비누와 차이가 없는 반면 항생제 저항성이나 호르몬에 미치는 영향은 걱정된다는 것이다.[9]

병문안

샤워할 때 비누를 쓰지 않는 것 외에 내가 평소 주의를 기울이는 것은 가능한 병문안을 가지 않는 것이다. 병원에 입원한 환자들의 몸이나 병원의 공기나 침대 등에는 황색포도상구균이 많고, 특히 항생제에 저항성이 높은 녀석들이 많다. 많은 입원환자들이 항생제를 복용하는 만큼 거기에 사는 세균들도 항생제에 익숙해지며 저항성을 획득한 것이다.

병원에 있는 황색포도상구균의 항생제 내성은 꽤 오래된 문제다. 항생제 사용이 보편화되기 시작한 1940년대 중반에는 대부분의 황색포도상구균이 항생제의 원조인 페니실린에 의해 제압되었다. 하지만 1950년대만 해도 병원에서 발견되는 황색포도상구균의 40% 정도가 페니실

그림 4.
병원과 지역사회에 나타난 항생제 내성 황색포도상구균(MRSA) 비율

검은색 점이 찍힌 그래프는 한 병원에서 발견되는 MRSA 비율을 나타내며, 하얀색 점이 찍힌 그래프는 그 지역사회에서 발견되는 MRSA 비율을 나타낸다. 한눈에 알아볼 만큼 병원이 높다. 최근에는 워낙 넓게 퍼져서 크게 차이 나지는 않겠지만.

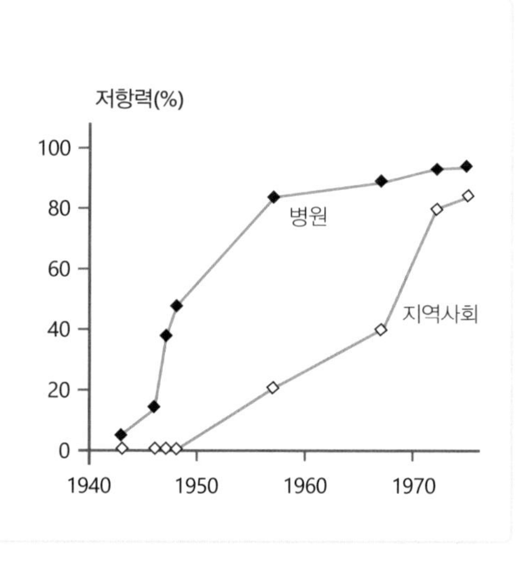

린에 내성이 생겼고, 1960년대에는 그 수가 80%에 이르렀다. 그리고 지금은 거의 모든 황색포도상구균에는 페니실린의 약발이 먹히지 않는다. 병원이 아닌 곳에서 발견되는 황색포도상구균도 항생제 내성률이 점차 높아지고 있지만 그만큼은 아니다.[10] 그래서 나는 가능한 병문안은 삼간다. 또 입원환자가 없는 치과병원이라 할지라도 늘 우리 병원의 감염관리에 신경을 쓴다.

피부에 문제가 생겼을 때

상처가 생겼을 때

산행을 즐기는 나는 상처가 자주 생기는 편이다. 특히 여름에는 반바지를 입기 때문에 종아리가 나뭇가지에 긁히는 일이 많다. 하지만 웬만한 상처라면 나는 그 부위를 깨끗이 씻을 뿐 연고를 바르거나 밴드를 붙이지 않는다. 이런 조치들이 오히려 감염 가능성을 높인다고 보기 때문이다.

피부에 상처가 생기면, 내 피부에 살고 있는 포도상구균이나 코리네박테리움 등이 내 몸속으로 들어올 수 있다. 그 중에는 황색포도상구균도 있을 것이고, 또 그 중에는 항생제 내성을 획득한 녀석도 있을 수 있다. 거기다 항생제 연고를 바르면 어떤 일이 생길까? 아마 많은 세균이 연고에 포함된 항생제에 죽어 나갈 것이다. 하지만 항생제 내성을 가진 녀석들은 그 정도 항생제에는 끄떡없다. 오히려 경쟁을 벌여야 할 다른 세균들이 사라지고 나면, 공간이나 먹을거리 등 모든 면에서 항생제 내성균에 유리한 환경이 된다. 우리 몸의 입장에서 보면 감염될 가능성이 더 커지는 것이다.

앞에서 소개한, 코리네박테리움이 포도상구균을 억제한다는 실험[4]을 기억할 것이다. 우리 피부에도 이 두 종류의 세균이 서로 섞여 있을 때 일정한 균형이 유지되지만, 코리네박테리움을 없애 버리면 포도상구균은 더 많이 증식한다. 만약 항생제 연고를 바른다면 항생제에 더 취약한 코리네박테리움이 더 많이 죽어 나갈 것이고, 그만큼 견제와 균형의 균열은 커진다.

예전에는 어린 아이들에게 상처가 생기면 어머니나 할머니가 혀로 핥아주었는데, 항생제 연고를 바르는 것보다 훨씬 더 일리가 있는 대처라고 생각한다. 상처를 핥아주는 것은 두 가지 면에서 효과적이다. 상처 부위를 깨끗이 씻어주는 것과, 침 속에 있는 자연 항균제(라이소자임 등)로 자연 소독해주는 것이다. 대부분의 동물들도 이런 방식으로 상처에 대처한다. 선조들의 지혜가 통생명체에게는 더 맞다.

습진 같은 문제가 생겼을 때

습진 같은 문제가 생겨도 나는 대부분 그대로 내버려 둔다. 가려움이 심해지거나 두피에 비듬이 심해지면 하는 수 없이 연고를 바르기도 하는데, 그 성분은 다름 아닌 스테로이드다. 양방의 만병통치약이라 해도 될 스테로이드는 피부 트러블에도 쓰이는 대표적인, 아니 유일한 처방이다. 스테로이드는 대표적인 항염제(anti-inflammatory drug)로 우리 몸이 스스로 일으키는 과한 염증반응을 차단하고 말리는 약이다.

스테로이드는 쓰이는 데가 많은 명약이기는 하지만, 효과가 좋은 만큼 문제도 많다. 스테로이드의 부작용은 피부에서부터 호르몬, 면역력, 성장에까지 영향을 미칠 만큼 광범위하고 잘 알려져 있기에 여기에서는 따로 서술하지 않겠다. 중요한 것은 꼭 필요할 때만 짧게, 증상을 가라앉히는 정도로만 써야 한다는 것이다. 또 스테로이드 연고 가운데에는 항생제까지 들어 있는 것이 많으므로, 약국에서 구입할 때에는 스테로이드만 들어 있는 연고나 크림을 달라고 얘기해야 한다.

무좀에 대처하는 방법

상처도 자주 생기고 가끔 몸이 가려울 때도 있지만, 내가 안고 사는 피부 문제는 따로 있다. 바로 무좀이다. 발냄새나 발가락 사이 무좀, 발톱 무좀 역시 세균과 곰팡이 같은 미생물의 작용이다. 피부사상균 같은 곰팡이도 한몫 하는데, 발은 따뜻하고 습기 많고 양말로 보호되니, 세균들이 대폭 증식하기 좋은 환경이다.

나는 고등학교 다닐 때부터 발에 땀이 많다는 것을 의식했다. 발냄새도 많이 나서 신발을 벗어야 할 경우에는 늘 신경이 쓰였다. 그러다가 발가락 사이에 무좀이 생겼고, 오랫동안 나를 따라다녔다. 가려움이 심할 땐 무좀약을 발라본 적도 있지만, 꾸준히 바르지 못해 실패하곤 했다. 그러다가 약을 사용하지 않고 무좀이나 발냄새를 해결할 방법을 찾아냈다. 바로 발가락 사이에 휴지를 말아서 끼우는 것이다. 1회용 키친타월이나 종이타올 한 장을 반으로 잘라 두 쪽을 낸 다음 말아서 양쪽 발가락에 끼우고 양말을 신는다. 발가락 사이가 접촉하지 않기에 땀이 덜 나고, 땀이 나더라도 휴지가 흡수해준다(그림 5). 연지삽입(鍊紙插入) 요법이라고 진담 반 농담 반으로 이름 붙인 이 방법을 쓴 지 15년은 넘은 듯한데, 언제부턴가 무좀은 없어졌고 발냄새 걱정도 하지 않게 되었다.

다만 발톱 무좀은 여전히 나를 따라다닌다. 이것을 어떻게 할까? 피부과 의사라면 항진균제를 강하게 써서 없애자고 제안할 것이다. 그러나 발톱 무좀을 퇴치하기 위해서는 항진균제를 6개월 정도 먹어야 하고, 그 때문에 간이 나빠질 수 있어서 중간중간 간기능 검사도 해야 한다. 나는 약을 쓰지 않고 그대로 두기로 했다. 항진균제의 강한 부작용이 걱정되기 때문이고, 발톱 무좀이 있다고 해서 특별히 내 몸에 문제가 생기는 것은 아니기 때문이다. 남들 앞에서 양말을 벗을 때 발톱 모양이

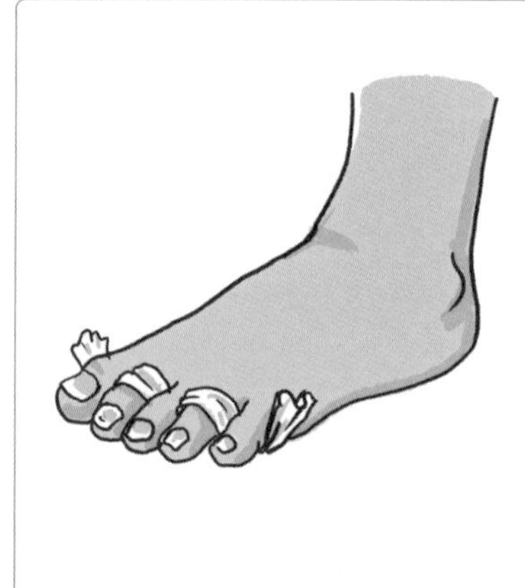

그림 5. 나의 발가락 무좀 대처법

1회용 키친타월이나 종이타올 한 장을 반으로 잘라 두 쪽을 낸 다음 말아서 양쪽 발가락에 끼우고 양말을 신는다. 발가락 사이가 접촉하지 않기에 땀이 덜 나고, 땀이 나더라도 휴지가 흡수해 준다.

못생겨 민망한 것 외에는 불편함이 없는데, 이것을 잡기 위해 간이 나빠질 것을 각오하고 항진균제를 6개월이나 먹는다는 것은, 내가 보기엔 빈대 잡기 위해 초가삼간 태우는 격이다.

발톱 무좀은 내가 통생명체로 살아가고 있음을 보여주는 하나의 예라고 할 수 있다. 실제로 내 발톱에 사는 세균들을 유전자 분석을 통해 분석해본 적이 있는데, 거기에 참 다양한 세균들과 진균들이 살아가고 있었다(그림 6). 이들은 내 발톱을 분해해서 먹으며 살아가고 있는 것이고, 그 모습이 우리 눈에 허옇게 비칠 뿐이다. 녀석들을 모두 잡겠다고 강한 항진균제를 투여한다면 내 몸도 다칠 수 있다. 큰 문제를 일으키지 않는다면 나는 그냥 내버려 두려고 한다. 어차피 통생명체인 내 몸은 미생물의 천국이다.

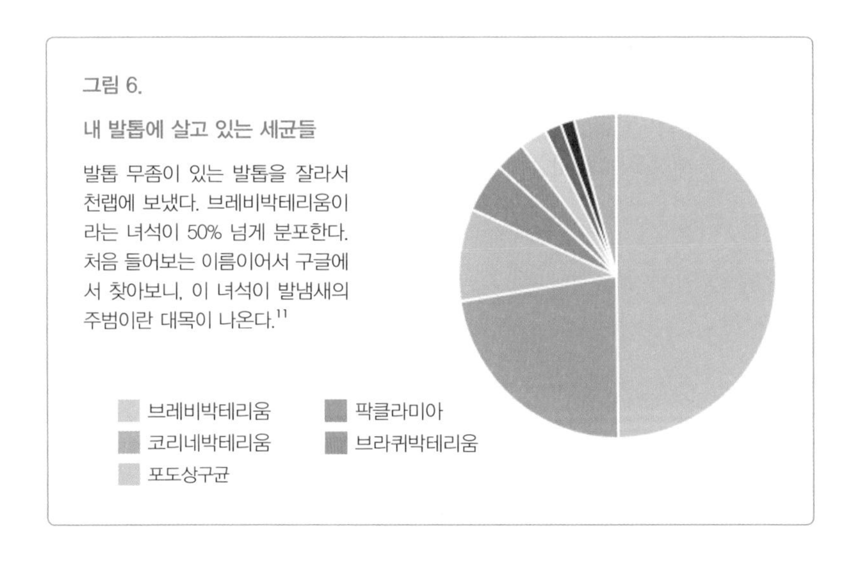

그림 6.

내 발톱에 살고 있는 세균들

발톱 무좀이 있는 발톱을 잘라서 천랩에 보냈다. 브레비박테리움이라는 녀석이 50% 넘게 분포한다. 처음 들어보는 이름이어서 구글에서 찾아보니, 이 녀석이 발냄새의 주범이란 대목이 나온다.[11]

2. 입속에 사는 세균 돌보기

내 입속의 세균들

미생물과 공존하는 우리 몸에서도 특히 입안은 미생물 천국이다. 이를 하루만 닦지 않고 이 표면을 손톱으로 긁어보면 허옇게 나오는 것이 바로 미생물 덩어리, 플라그다. 플라그는 1680년대 네덜란드의 아마추어 과학자 레이우엔훅의 작은 현미경을 통해 세균이 맨 처음 인류에게 포착될 때 사용된 재료이기도 하다. 우리 입안의 세균들 역시 우리가 어머니의 배 안에 있을 때부터 지금까지 여러 경로로 들어와 자리를 틀었고, 무엇을 먹고 어떻게 이를 닦고 어떤 치과치료를 받았는지 등등에 의해 바뀌고 정돈되었을 것이다.

세계적으로 인간의 입안에 가장 많이 사는 세균은 사슬알균(연쇄상구균, *Streptococcus*)이라고 알려져 있지만, 이것은 개인이 속한 사회나 개인의 생활습관에 따라 달라진다. 속(屬, genus) 수준으로 볼 때, 내 입안에는 사슬알균은 두번째로 많고 그보다 나이세리아(*Neisseia*)라고 알려진 세균이 더 많다. 다음으로 헤모필루스, 프레보텔라가 보인다(그림 1).

필리핀에는 아직도 수렵과 채집으로 살아가는 사람들이 있고, 그 인근에는 전통적인 방법으로 농사를 짓고 있는 사람들이 살고 있다고 한다. 그 사람들에게서 침을 채취해서 유전자 검사를 통해 세균을 분석하고 그것을 도시 사람들과 비교했다.[1] 이 조사에서 가장 비교되는 것은 나이세리아라는 세균이었다. 나이세리아가 수렵 채집인들에게 가장 많은 반면, 도시인들에게는 가장 적었고, 농부들은 그 중간쯤이었다.

한국인 평균은 어떨까? 한국 사람들의 타액 미생물의 경향을 보고한 논문은 많지 않은데, 우리나라 양평과 일본의 히사야마 사람들을 비교한 자료가 있다.[2] 건강한 잇몸을 가진 52명의 양평군민들은 사슬알균(연

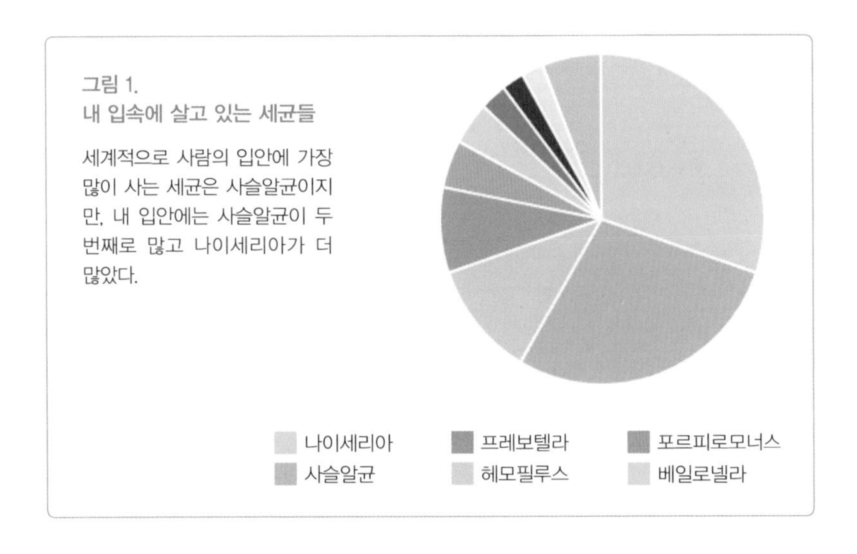

그림 1.
내 입속에 살고 있는 세균들

세계적으로 사람의 입안에 가장 많이 사는 세균은 사슬알균이지만, 내 입안에는 사슬알균이 두 번째로 많고 나이세리아가 더 많았다.

쇄상구균)이 가장 많긴 하지만, 이와 비슷할 정도로 나이세리아도 많았다. 이에 비해 일본인들은 사슬알균이 압도적으로 많고, 나이세리아는 사슬알균의 절반 정도이다(그림 2).

일반화하기 어려운 경우도 있지만, 대체로 보아 나이세리아는 더 젊고 뚱뚱하지 않고 충치가 없고 담배를 안 피우는 사람에게서, 말하자면 더 건강한 사람의 타액에 많이 분포하는 경향이 있다.[3] 비교 대상을 동양으로 한정한다면, 나이세리아는 '내 입속 > 한국인 > 일본인 > 중국인' 순으로 많다. 그리고 일본과 한국을 비교했을 때, 일본이 인구당 치과의사 수가 더 많고 치과건강보험이 더 잘 되어 있지만 한국인의 잇몸이 오히려 더 건강하다.[4]

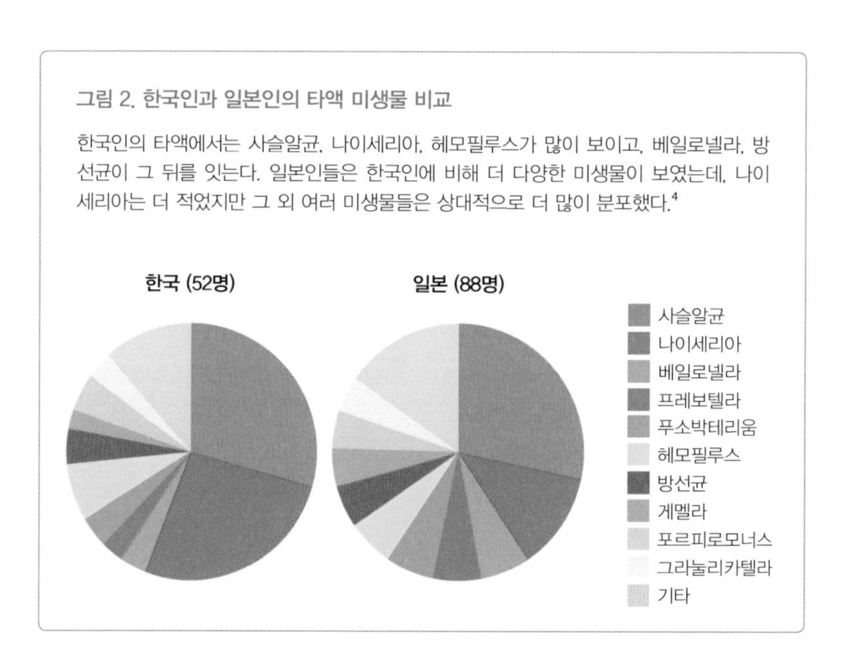

그림 2. 한국인과 일본인의 타액 미생물 비교

한국인의 타액에서는 사슬알균, 나이세리아, 헤모필루스가 많이 보이고, 베일로넬라, 방선균이 그 뒤를 잇는다. 일본인들은 한국인에 비해 더 다양한 미생물이 보였는데, 나이세리아는 더 적었지만 그 외 여러 미생물들은 상대적으로 더 많이 분포했다.[4]

어쨌든 나이세리아가 많은 내 입속 미생물의 분포가 건강한 듯하여 반갑다. 구강 미생물은 무엇을 먹느냐에 따라 강하게 영향을 받는데, 식이섬유를 중요하게 생각하는 나의 식생활 덕인 듯하다.

구강 미생물이 하는 일

입안에 사는 세균이라고 하면 충치나 잇몸병이 먼저 떠오를 것이다. 맞다. 입안의 세균은 충치를 만들고 잇몸병을 만드는 주범들이다. 내가 치과대학에 다니던 1980년대부터 충치는 뮤탄스(*Streptococcus mutans*)라는 세균이, 잇몸병은 AA(*Aggregatibacter Actinocetemcomitans*)라는 긴 이름의 세균이 주범으로 지목되었고, 1990년대 이후로는 진지발리스(*Porphyromonas gingivalis*)라는 세균이 잇몸병을 일으키는 주요 세균으로 떠올랐다.

하지만 미생물학의 혁명이 진행중인 지금은 충치나 잇몸병의 원인으로 이런 특정 세균을 지목하는 것은 재검토되어야 한다는 생각이 일반적이다. 충치나 잇몸병이 세균에 의한 것도 맞고 뮤탄스나 진지발리스가 충치나 잇몸병에 관여하는 경우가 많다는 것도 맞지만, 질병이 그런 특정 세균에 의해서만 시작되고 진행되지는 않는다는 것이다. 오히려 입안에 세균 전체의 양이 너무 많아서, 우리 몸의 입장에서는 세균의 부담이 너무 커서 생기고, 또 우리 몸의 방어력에 따라서 질환의 시작이나 진행 여부는 달라진다. 구강 내에서도 우리 몸과 세균의 긴장과 평화가

중요하다는 것이다.[5]

만약 평생 이를 한번도 닦지 않으면 어떻게 될까? 하루 세 번 이를 닦는 사람들에 비해 입안의 세균 부담은 더 클 것이다. 하지만 그렇다고 꼭 잇몸병이 생기는 것은 아니다. 구강 미생물은 먹는 음식에도 영향을 받는데, 원시시대 사람들처럼 거친 음식을 먹는다면 음식을 먹는 동안 음식과 타액에 의해 입안은 자정(自淨, self-cleansing)될 수 있다. 또 더 중요하게는 우리 몸의 방어력이 좋다면 같은 정도의 미생물 부담이라도 더 잘 견딜 수 있다. 이것은 진료실에서도 심심찮게 관찰하는 바이다. 바로 며칠 전에도 그런 일이 있었다. 부부가 함께 진료실을 찾아왔는데, 아내가 남편은 치과에 거의 오지 않는데도 잇몸이 건강하고 고생도 별로 안 하는데 자기는 그 반대라고 하소연했다.

이에 대한 고전적인 연구가 있다. 하루 세 번 이를 닦는 습관이 정착되지 않은 스리랑카 차 농장 노동자들을 대상으로 15년간 추적 관찰한 1986년의 결과보고서다.[6] 이 연구는 치과치료는 물론 이를 전혀 닦지 않는 사람도 11% 정도에서는 15년 동안 가벼운 잇몸 점막 염증이 있기는 해도 잇몸뼈와 같이 중요한 데는 별 문제 없다는 것을 보여준다. 이들은 입안에 치석과 플라그가 많았지만, 잇몸이 안 좋아 치아를 뽑는 경우도 없었고 충치도 없었다. 이에 반해 8%에서는 잇몸병이 급속히 진행되어서 45세가 되면 치아를 모두 뽑아야 했다. 또 81%에 해당하는 다수는 잇몸병이 진행되었는데, 그 속도가 빠르지 않아 45세 정도에서 평균 4개 정도의 치아가 빠진 정도였다(표 1).

이 연구가 의미하는 바는 선명하다. 잇몸 건강도 우리 인간과 세균들

간의 긴장과 평화에 의해 결정된다는 것이다. 차 농장 노동자들은 분명 비슷한 환경에서 비슷한 음식을 먹고 지냈고, 생활습관도 비슷했으며, 특히 이를 전혀 닦지 않고 치과치료도 안 받았다는 점에서 구강 미생물은 거의 비슷한 환경에 노출되었을 것이다. 그런데도 미생물이 몸에 미치는 영향은 예상과 달랐다. 세균의 부담이 크면 염증반응이 커지고, 그만큼 우리 몸이 손상될 가능성이 크다는 것은 분명하지만, 우리 몸의 방어력이 평화를 통제할 수 있다면 문제는 거의 없다. 문제는 우리 몸이다!

통생명체의 관점에서 구강 미생물과 관련해 보다 중요한 점은, 입안의 세균이 문제만 일으키는 것은 아니라는 것이다. 대부분은 우리 인간에게 꼭 필요한 존재이다. 구강 세균이 우리 인간의 생리적 작용에 미치는 영향은 많지만, 그 가운데 대표적인 예는 혈관 건강이다. 혈관의 수

표 1. 이를 전혀 닦지 않는 스리랑카 노동자들을 15년간 관찰한 결과

<table>
<tr><th>연구기간</th><td colspan="3">1970~1985년</td></tr>
<tr><th>연구대상</th><td colspan="3">칫솔질이나 치과치료를 전혀 받지 않은 스리랑카 차 농장 남성 노동자 480명.
조사를 시작한 1971년의 나이대는 14세부터 31세</td></tr>
<tr><th rowspan="2">결과</th><td>잇몸 점막에만 염증이 생긴 정도
(가벼운 잇몸병, 치은염)</td><td>잇몸 점막 아래 치조골까지 녹아내렸지만 속도는 느린 잇몸병
(치주염)</td><td>빠른 잇몸병 진행과 치아 상실</td></tr>
<tr><td>11%</td><td>81%</td><td>8%</td></tr>
<tr><th>의미</th><td colspan="3">잇몸병의 진행 정도는 몸의 면역력이 결정한다.</td></tr>
<tr><th>잇몸병과
유전의 관계</th><td colspan="3">잇몸병은 유전되는 경향이 짙다.</td></tr>
</table>

축과 팽창을 조절하는 가장 중요한 물질, 산화질소(NO)의 생성과 순환, 재활용에 구강세균이 중간 매개자 역할을 한다(그림 3).

산화질소(NO)는 혈액 속 질산염(NO_3-)이나 아질산염(NO_2-)을 재료로 삼아 혈관 주위를 감싸고 있는 내피세포 안에서 만들어진다. 이렇게 만들어진 산화질소는 혈관을 감싸고 있는 평활근 세포로 보내지고 평활근을 이완시켜 피가 잘 통하게 한다. 혈관에서 산화질소를 만드는

그림 3. 타액을 통한 질산염의 재순환과 혈관 건강

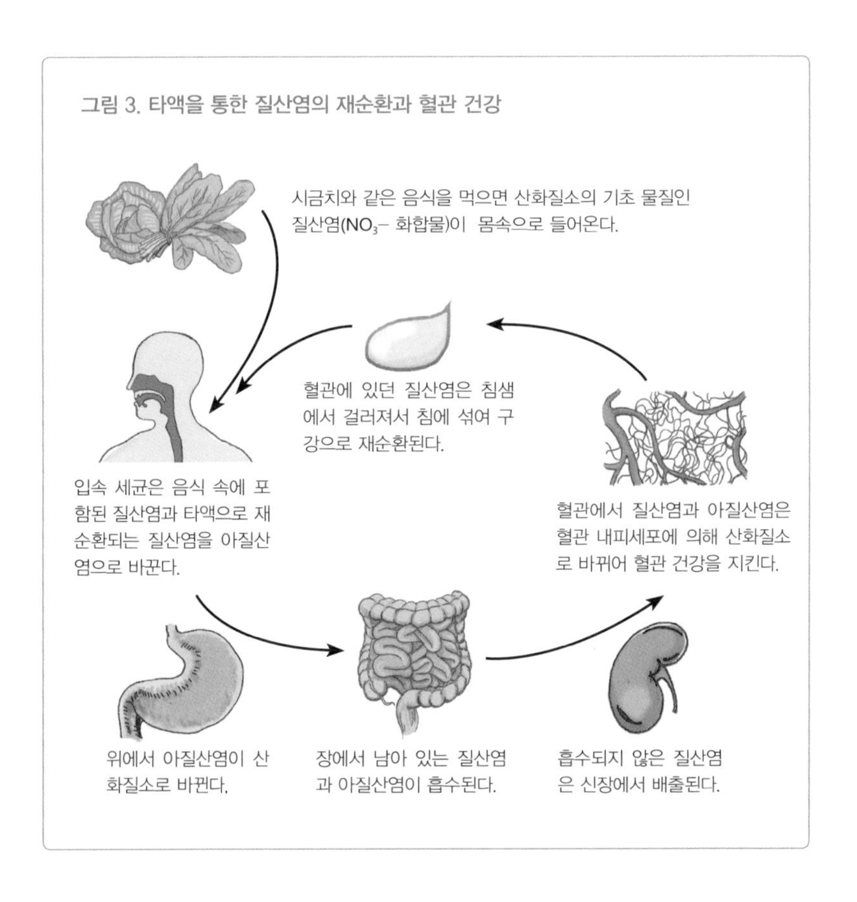

데 쓰이지 않은 질산염은 오줌으로 배설되거나 약 25%가량은 얼굴 양쪽에 있는 침샘에서 걸러져 침과 함께 입안으로 들어온다. 타액으로 재활용되는 것이다. 타액 속 질산염은 음식을 통해 밖에서 들어오는 시금치나 녹색 과일의 질산염과 섞여 구강 내 상주 세균들에 의해 아질산염(NO_2-)으로 다시 환원(reduction)된다. 이후 아질산염은 위와 장을 통과하며 다시 혈관으로 흡수되어서 순환하며 혈관 건강에 쓰인다. 이 재활용 과정에서 타액 속 구강 세균이 가장 중요한 매개자 역할을 하기 때문에 과학자들은 이를 장타액순환(enterosalivary circulation)이라 부르기도 한다.[7]

구체적으로 어떤 종류의 세균들이 산화질소의 재활용에 영향을 주는지는 아직 분명치 않다. 현재로서는 나이세리아나 헤모필루스, 베이로넬라 등이 거론되고 있다.[8] 다만 확실한 것은 입안의 정상세균을 모두 없애 버린다면 문제가 된다는 점이다. 항생제나 항균 가글액으로 입안의 상주세균을 인위적으로 대폭 낮추면 음식이나 침으로 산화질소의 재료들을 넣어준다 해도 질소의 순환과정이 파괴되고,[9] 결과적으로 혈압이 올라간다(그림 4).[10]

잇몸병이 있거나 입이 마르는 구강건조증이 있는 환자들에게 발기부전이 더 많다는 재미있는 발견도 산화질소의 영향으로 짐작된다. 산화질소가 혈관을 이완시켜야 발기가 더 잘될 텐데, 순환의 고리가 끊기니 발기부전이 일어나는 것이다. 그래서 남성 건강을 다루는 학술지에서도 발기부전을 치료할 때는 구강검진을 꼭 해야 한다고 권고하고 있다.[11]

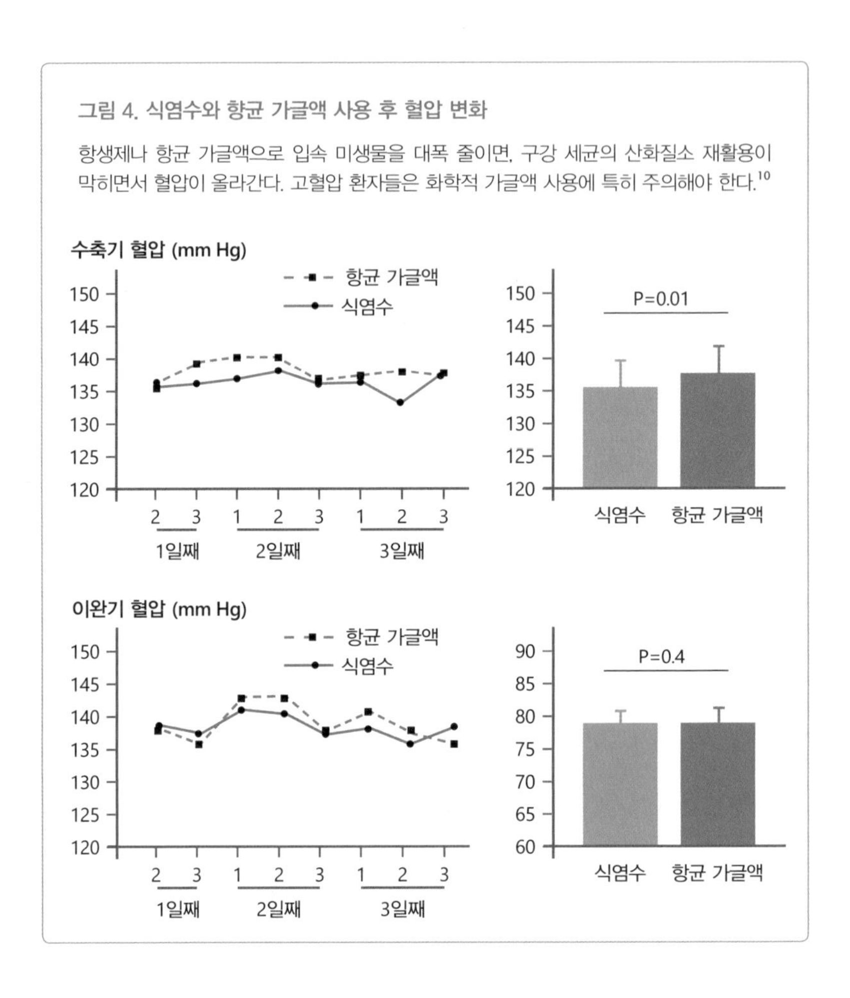

그림 4. 식염수와 항균 가글액 사용 후 혈압 변화

항생제나 항균 가글액으로 입속 미생물을 대폭 줄이면, 구강 세균의 산화질소 재활용이 막히면서 혈압이 올라간다. 고혈압 환자들은 화학적 가글액 사용에 특히 주의해야 한다.[10]

구강 미생물 관리

이렇게 우리에게 꼭 필요한 존재이면서도 너무 많아지면 부담이 되는 구강 미생물을 어떻게 조절해야 할까? 나 역시 어렸을 적부터 충치로 고생해왔고 지금 입안에 임플란트가 5개나 있기에 평소 구강관리에 각별히 신경을 쓴다. 또 직업이 치과의사이니 당연히 나를 찾는 환자들을 진료할 때에나 전문가들이 모이는 학회 같은 데서 강연할 때 구강 위생관리에 대해 강조한다. 그럴 때 내가 자주 하는 말은 다음과 같다.

첫째, 거품이 나는 계면활성제 치약을 버려라. 치약은 훨씬 더 순해져야 한다. 유투브에 검색을 해보면 계면활성제의 독성을 보여주는 짧은 동영상이 나오는데, 거기에는 바퀴벌레와 물고기를 치약의 계면활성제에 노출시켰더니 얼마 지나지 않아 죽는 장면이 나온다.[12] 그만큼 독하다. 이처럼 독한 성분이 들어 있는 치약으로 하루 세 번 양치를 하는 것은 깊이 생각해볼 문제다. 대학교 때 엠티를 가서 먼저 자는 사람에게 벌칙으로 눈 주위에 치약을 바르기도 했는데, 실제로 계면활성제는 피부나 점막에 자극적이고 혀의 미각 세포를 마비시킨다. 양치 후에 바로 사과를 먹으면 맛이 쓰고 이상한 것은 치약의 계면활성제가 점막과 혀의 미각을 마비시키기 때문이다.

기름이 섞여 있는 더러운 표면과 그릇을 닦는 데 쓰는 계면활성제를 왜 우리 입안에까지 끌어들이는지 이해하기 어렵다. 특히 어린 아이들은 치약의 상당부분을 삼킨다. 나는 천연 계면활성제가 최소한으로 들어간 치약을 쓰는데, 만약 평소 쓰는 치약을 준비하지 못하고 여행이라도 가서 아무 치약이나 써야 하는 상황이라면 아주 여러 번 세게 헹궈서 입안에 잔여물이 남지 않도록 주의한다. 실제로 계면활성제의 독성을 보여주는 동영상에서 경희대 치대교수는 최소한 7번은 강하게 헹궈내라고 권한다.

계면활성제 치약은 당연히 구강 내에 반드시 살아야 할 정상세균도 교란시키고, 결과적으로 구내염이 더 잘 일어나게 한다.[13] 그 중에서도 구강암의 전암병소로 알려진 구강점막이 허옇게 벗겨지는 증상을 더 잘 일으킨다.[13,14] 피곤할 때 입안이 잘 허는 사람이 많은데, 그런 사람들은 특히 순한 치약으로 바꾸어야 한다.

구강 위생관리 측면에서도 계면활성제가 효과적이지 않다. 칫솔질의 목적은 바이오필름인 플라그를 제거해 구강 내 세균 부담을 낮추는 것인데, 계면활성제가 들어 있는 치약과 들어 있지 않은 치약을 비교했을 때 바이오필름 제거 효과나 잇몸병이 생기는 정도에서 차이가 없었다.[15]

이점은 없고 단점만 있는 계면활성제 치약은 버려야 한다. 소비자들이 시원하고 화한 향에 익숙해지게 만드는 치약을 주로 생산하고 시장에 내보내는 기업들의 관성도 바뀌어야 한다.

둘째, 99.9% 세균을 잡는다는 가글액도 버려라. 이유는 명백하다. 그들의 주장 그대로 세균을 99.9%나 잡아 버리기 때문이다. 가글액이 잡으려는 99.9%에 속하는 대부분의 세균들은 우리 몸에 꼭 필요한 것들이다. 앞에서 얘기한 대로, 아주 강한 항균력을 가진 가글액으로 입안을 '깨끗이' 소독하면 혈압이 더 높아진다. 구강 세균이 죽어 나가면서 산화질소의 작용이 덜 일어난 것이다. 특히 고혈압 환자들은 항균력을 자랑하는 계면활성제 치약이나 99.9% 세균을 잡는다는 가글액은 피해야 한다.

셋째, 입안을 닦을 때 칫솔만 사용할 것이 아니라, 좀 더 진화된 기구들을 이용하라. 현대형 플라스틱 칫솔이 등장한 것은 100여 년 전이었고, 본격적으로 하루 세 번 이닦기가 현대인들의 생활에 들어온 것은 2

차대전 이후다. 2차대전 중 집단생활을 하는 군사들 사이에 전염병이 확산되는 것을 걱정한 미군이 하루 세 번 이닦기를 의무화했고, 전쟁이 끝난 후 퇴역군인들이 지역사회로 흩어지면서 이닦기가 자연스레 일상으로 들어왔다. 우리나라 역시 한국전쟁 이후에 한국에 정착한 미군 문화가 영향을 주었을 것이고, 1970년 무렵 학교를 중심으로 대대적으로 계몽운동을 벌려 보편화되었다. 나 역시 10살 때인 1975년에 시골에서 서울로 올라와서야 이를 닦아야 한다는 것을 배웠다.

이제 이닦기가 한 번 더 업그레이드되어야 할 시점이 되었다. 가장 권하고 싶은 것은 강한 수압으로 이와 이 사이를 닦아내는 물세정기다. 나는 집과 병원에 각각 물세정기를 두고 식후에는 꼭 사용한다. 사용하지 않으면 너무 답답하다. 부드러운 칫솔모를 가진 칫솔에 거품 나지 않는 치약을 짜서 이를 닦은 후, 입안에 치약 성분을 그대로 둔 채로 물세정기 수압으로 물을 이와 이 사이에 쏘아서 씻어내는 방식이다. 또 나는 늘 주머니에 치실이 넣고 다닌다. 밖에서 식사할 경우 이와 이 사이에 낀 음식물을 제거하기 위해서다. 습관이 된 후로는 주머니에 치실이 없으면 불안할 지경이다.

물세정기든 치실이든 모두 이와 이 사이를 닦고자 함이다. 이와 이 사이는 칫솔이 잘 닿지 않아서 플라그가 가장 많이 끼는 부분이다. 그래서 잇몸병도 대부분, 이와 이 사이에서 시작해 퍼져 나간다. 이와 이 사이, 즉 치간(interdental space, 齒間)을 관리하기 위한 기구를 적극 활용해야 하는 이유다.

구강, 미생물 방어의 취약지구

미생물의 입장에서 볼 때 우리 인간의 구강은 두 가지 면에서 취약지구다.

첫째, 구강은 미생물의 도시, 바이오필름이 평생 쌓이는 곳이라는 점이다. 대부분의 세균은 뭉쳐 산다. 그러려면 어디든 붙어야 하는데, 그렇게 붙을 만한 표면이 있는 곳에 일단 세균이 붙으면 그 수가 불어나기 시작한다. 바닷가 바위, 부엌의 싱크대, 음식점의 숟가락, 심장에 넣은 카테터 등 어디라도 상관없다. 소수의 세균이라도 붙는 데 성공하면 녀석들은 곧 스스로 세포외기질(extracellular matrix)이라는 물질을 만들어 생존력을 높인다. 그러면 근처에 있던 다른 미생물들도 붙고, 그러면 더 많은 세포외기질이 만들어지고, 그러면 또 더 많은 미생물들이 붙는 과정을 통해 세균 군집의 규모는 빠르게 커진다. 이렇게 형성된 세균들의 공동체를 바이오필름(biofilm, city of microbes)이라고 한다(그림 5).[16]

입안에는 세균이 달라붙어 바이오필름을 형성할 수 있는 든든한 표면이 있다. 바로 치아이다. 우리 피부나 구강 점막, 장 점막의 표면에도 바이오필름이 형성되지만, 피부나 점막 표면들은 세포분열에 의해 길어야 한 달 정도 지나면 떨어져 나가고, 그에 따라 바이오필름도 떨어져 나간다. 또 피부는 샤워나 손 씻기를 통해 우리 스스로 바이오필름을 씻어내고, 대장 속 바이오필름 역시 장의 연동운동과 배변활동으로 밖으로 쓸려 나간다. 구강 점막의 바이오필름 역시 침에 의해 씻기고 음식과 함께 삼켜져 장으로 밀려간다.

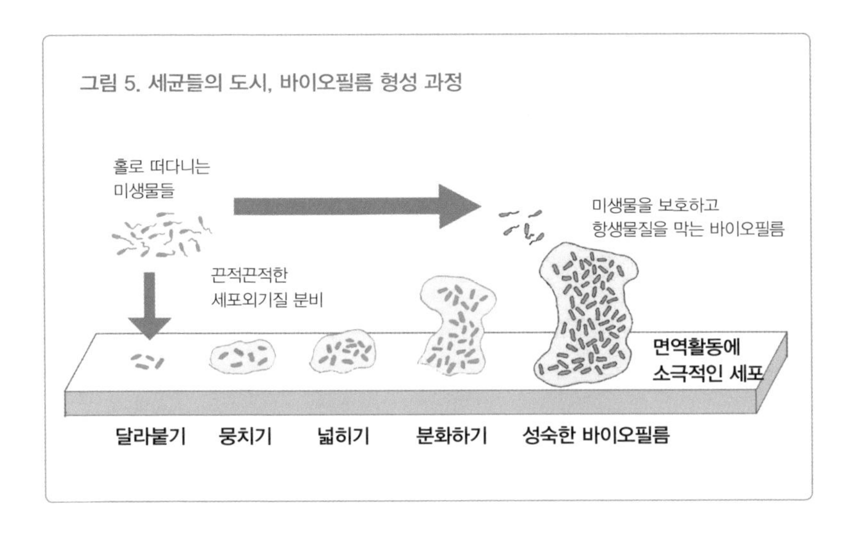

우리 몸에 바이오필름이 만들어질 수 있는 다른 표면이 일시적인 데 반해 치아는 평생 우리 입안에 있다. 그래서 치아에 붙은 바이오필름이 적절하게 제거되지 않으면 평생 동안 서서히 쌓이게 된다. 우리 몸 어디에도 이런 곳은 없다. 바로 이 점, 즉 치아라는 든든한 세균들의 버팀목이 존재한다는 점이, 입안에 700종이 넘는 다양한 미생물이 도시를 건설하여 살아갈 수 있는 근본적인 이유다.

특히 칫솔이 잘 닿지 않는 이와 잇몸 사이에는 바이오필름이 더 잘 형성된다. 이곳을 잇몸주머니(periodontal pocket)라고 부르는데, 이곳에 바이오필름이 쌓이면 이와 잇몸 사이는 점점 더 벌어지고 깊은 세균 주머니가 만들어지고 염증이 생기기 시작한다. 늘어나는 세균을 방어하기 위해 잇몸을 들뜨고 붓고 시리고 아프게 만드는 염증 조직이 커져가는 것이다.

둘째, 입안에는 세균 공동체가 평생 머물 수 있는 데 비해 우리 인간의 방어막은 약한 곳이 있다. 평생 세균이 쌓일 수 있지만 그것을 방어하는 우리 몸의 방어벽이 허술한 곳 또한 잇몸주머니다. 잇몸주머니 아래 치아와 잇몸조직이 붙은 곳을 결합상피(junctional epithelium)라고 하는데, 이곳은 세포들의 결합이 취약한 곳이다. 피부와 점막을 덮고 있는 모든 세포들은 어깨동무를 하듯 접착분자들을 내보내 서로 엉겨 붙는다. 이렇게 세포끼리 결합되는 부위를 접착반(Desmosome)이라고 하는데, 잇몸주머니 아래는 이것이 반쪽짜리다. 서로 맞붙어 있어야 할 치주 점막 조직에서는 접착분자를 만들어내지만 치아 표면에서는 만들지 못하기 때문이다(그림 6). 그래서 학술적으로도 반쪽(hemi)을 뜻하는 접두어를 덧붙여 반접착반(hemidesmosome)이라는 용어를 사용한다.[17]

이처럼 반쪽짜리 결합조직이 있는 잇몸주머니 속에서는 세균이나 세균이 만든 물질이 우리 몸 더 깊은 곳으로 쉽게 뚫고 들어온다. 잇몸을 뚫고 나온 이처럼 털이나 손발톱 역시 피부를 뚫고 나왔지만, 그것들을 감싸고 있는 세포들의 어깨동무는 피부조직의 접착반과 같다. 모낭이나 손발톱 주위의 염증은 커지는 경우가 별로 없지만, 구강의 염증은 얼굴 아래쪽으로 쉽게 퍼지는 이유가 여기에 있다. 대장에 문제가 생겨 장세포간 결합이 허술해져 장 속 독소가 전신으로 퍼져 나가는 현상을 장누수증후군(leaky gut syndrome)이라고 부르는데, 잇몸주머니는 문제가 생긴 특수한 상황이 아니더라도 늘 방어력이 취약한 곳이다. 그래서 잇몸주머니는 장보다 훨씬 더 자주 누수가 생긴다. 이른바 잇몸누수증후군(leaky gum syndrome)이 자주 발생하는 곳이다.

그림 6. 잇몸주머니와 그 아래 점막

잇몸주머니 아래쪽에서 입속 세균의 침투를 방어해야 할 접착반은 세포간 결합이 반쪽짜리라서 외부 세균의 침투에 취약하다. 잇몸에서 누수가 자주 일어나는 이유다.

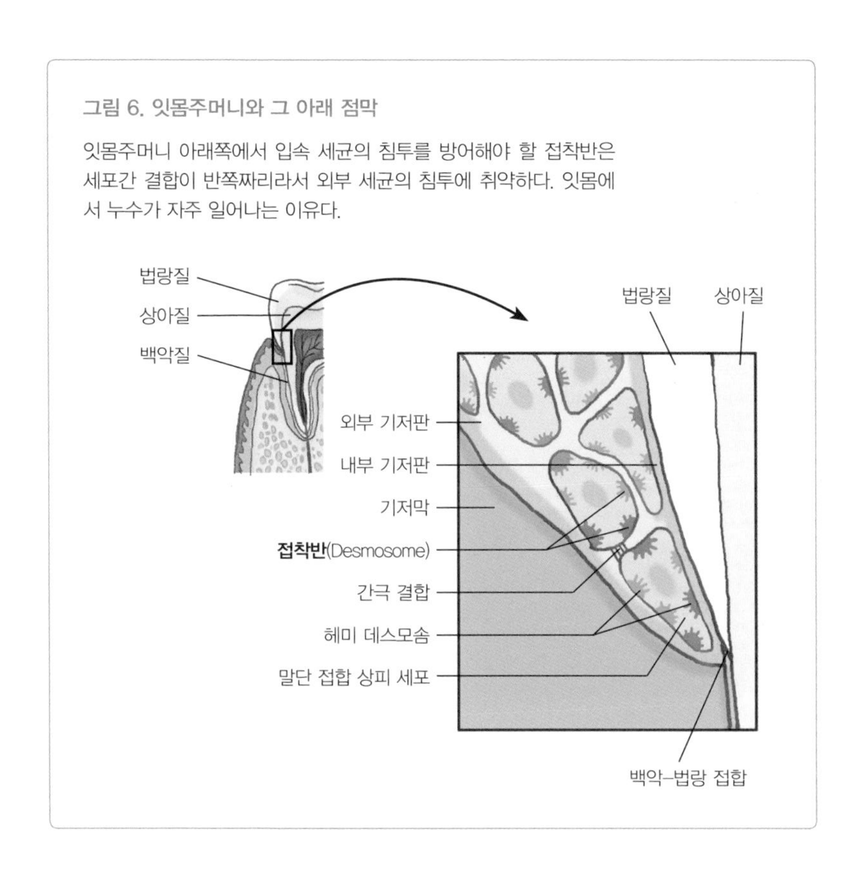

치과는 바이오필름과의 씨름터

나는 치과를 '바이오필름과의 씨름터'라고 부른다. 잇몸주머니 속의 바이오필름은 세균의 입장에서 보면 쉽게 접근이 가능한 공간이지만 우리 입장에서 보면 칫솔질만으로는 쉽게 접근하기 어려운 공간이다. 내가 늘 환자들에게 칫솔질을 정성스럽게 하는 것에 더해서 치실, 치간칫솔, 물세정기를 쓰라고 권하는 이유다. 이런 기구들에 의해서도 제거되지 않고 평생 쌓인 잇몸 속 플라그는 잇몸병을 만들고 결국엔 치아를 빼게 만드는 이유가 된다. 잇몸병이 감기 다음으로 흔한 이유이기도 하다. 또 현대 미생물학은 이런 잇몸 속 세균들이 잇몸을 뚫고 혈관을 통해 우리 몸 곳곳을 다니며 문제를 일으키는 주범이라 지목하고 있다.[18]

그런 면에서 치과는 환자들 스스로가 관리하지 못해 쌓인 바이오필름과 그것이 일으키는 문제들을 해결하고 대안을 찾는 공간이다. 충치 치료는 바이오필름이 만든 충치 부분을 드릴로 세서하고 그곳을 다른 재료로 보강해주는 시술이다. 스케일링이나 잇몸치료는 치아의 표면과 치아 뿌리, 또 잇몸 속에 쌓인 바이오필름을 제거해서 우리 몸의 면역력이 감당할 수 있을 정도로 세균의 부담을 낮추는 과정이다.[19] 심지어 잇몸병으로 도저히 살릴 수 없는 치아를 빼는 것도 발치 자체가 목적이 아니라, 치아 뿌리에 붙어 있는 바이오필름 제거가 목적이다. 치아 뿌리에 붙어 있는 잇몸 속 바이오필름이 관리할 수 없을 정도로 심해져서 뿌리 자체를 제거하지 않으면 바이오필름을 제거하거나 세균의 부담을 낮출 수 없기 때문에 할 수 없이 이를 빼는 것이다. 멀쩡한 사랑니를 미리 빼자고 하는 것도 마찬가지 이유에서다. 입안에서도 가장 안쪽에 있어서 칫솔이 잘 닿지 않아 바이오필름이 쌓일 가능성이 크기 때문이다. 임플란트 역시 바이오필름으로 생긴 기능적 문제를 보강하는 방법이고, 새로 들어간 임플란트 표면 역시 자연 치아와 마찬가지로 바이오필름 관리를 해야 한다. 이처럼 치과에서 이루어지는 많은 행위는 바이오필름의 제거와 그로 인해 발생한 문제를 해결하기 위한 것이 많다. 그래서 치과가 바이오필름과의 씨름터라는 것이다.

그러나 아무리 치과에서 많은 시술과 약물을 투여한다 하더라도 입안의 세균을 모두 없앨 수는 없다. 세균을 박멸한다는 것은 불가능할 뿐만 아니라 바람직하지도 않다. 다만 우리가 하는 것은 우리 몸이 감당할 정도까지 세균의 부담을 낮추는 것이다. 나머지는 우리 몸이 알아서 해야 하고, 그렇게 알아서 하도록 늘 통생명체로서의 우리 몸 상태를 돌보아야 한다. 이것이 치과가 세균과의 전쟁터(박멸을 의미하는)가 아닌 씨름터(승부를 의미하는)인 이유다.

3. 장에 살고 있는 세균 돌보기

대장에 살고 있는 세균들

위장부터 소장, 대장에 이르기까지 우리 소화관에는 수많은 세균들이 서식한다. 1980년대까지만 해도 세계 대부분의 과학자나 의사들은 강산(strong acid)이 버티고 있는 위장에는 세균이 살지 못한다고 생각했다. 하지만 위장에 헬리코박터가 살고 있다는 것을 밝혀낸 호주의 의과학자 마셜 등에 의해 이 도그마는 무너졌다. 나아가 배양에 의존하지 않고 세균을 밝히는 21세기 미생물학의 혁명은, 위장에도 대장보다는 밀집도가 낮지만 헬리코박터 외에 프레보텔라나 사슬알균을 비롯한 수많은 세균이 살고 있음을 확인하게 해주었다.[1]

소화가 본격화되는 소장에는 위장보다는 더 많이, 대장보다는 덜 밀집된 농도로 세균들이 서식한다. 종류도 사슬알균이나 베일로넬라처럼 소화관에서 늘 발견되는 녀석들이다.[2] 그러나 소장 역시 입구부터 쏘아져 들어오는 여러 소화효소들 때문에 세균들이 살기에는 만만치 않을 것이다. 그래서 소화관 전체에서, 아니 우리 몸 전체에서 가장 많은 세균들이 가장 밀집된 농도로 서식하는 곳은 바로 대장이다. 미생물학의 혁명이 밝혀낸 또 하나의 사실은, 과거에는 버려지는 쓰레기 정도로만 생각했던 이 장내 세균들이 소화는 물론 장염을 비롯한 우리 몸 전체의 면역과 염증에 관련되고, 심지어 뇌 건강에도 중요한 요소라는 것이다.[3]

대장에는 사는 미생물 구성은 대변 검사를 통해 살펴볼 수 있는데, 내 경우에는 문(門, Phylum) 수준에서 보면 후벽균(*Firmicutes*)과 의간균(*Bacteroidetes*)이 거의 양분한다. 둘을 합하면 95%가량이 된다. 속(屬,

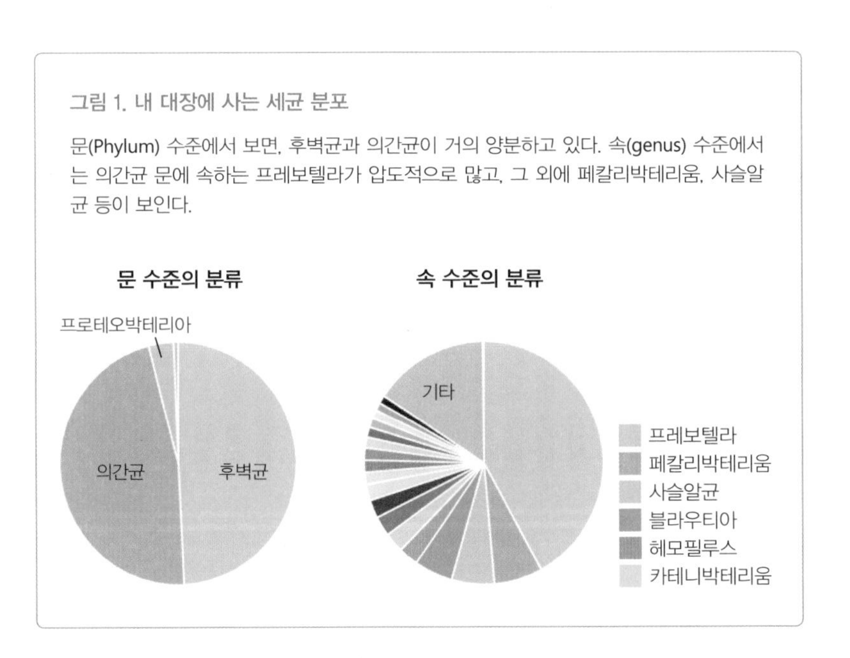

그림 1. 내 대장에 사는 세균 분포

문(Phylum) 수준에서 보면, 후벽균과 의간균이 거의 양분하고 있다. 속(genus) 수준에서는 의간균 문에 속하는 프레보텔라가 압도적으로 많고, 그 외에 페칼리박테리움, 사슬알균 등이 보인다.

genus) 수준에서 보면, 프레보텔라(의간균 문)가 압도적으로 많다. 다음으로 페칼리박테리움(*Faecalibacterium*), 사슬알균이 보인다(그림 1).

문 수준에서 후벽균과 의간균을 합쳐서 95%가량 되는 것은, 우리나라 사람들의 공통된 특징인 듯하다. 한국인 20명의 대변 검사를 통해 본 장 미생물에서, 후벽균(70.8%)과 의간균(24%)의 합이 94.8%를 차지했다.[4] 95% 안에서 둘의 구성비가 다르기는 하지만, 20개의 샘플 거의 모두에서 비슷하게 나타났다.

20명의 한국인들 샘플을 속 수준에서 보면, 페칼리박테리움이 가장 많고(11.8%) 다음이 프레보텔라(9.5%) 박테로이데스(8.9%) 순서였다.

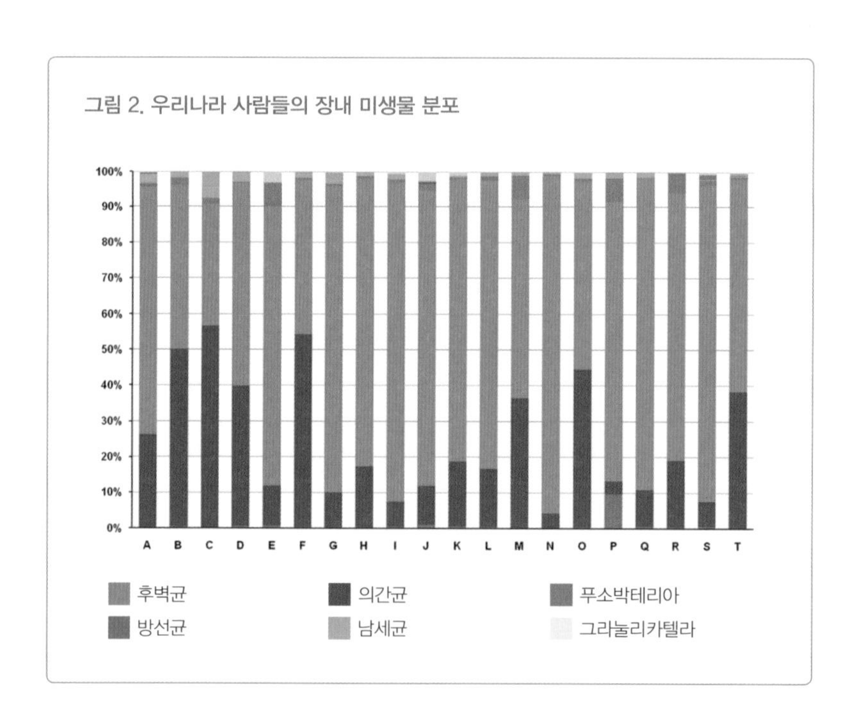

그림 2. 우리나라 사람들의 장내 미생물 분포

양의 차이는 별로 크지 않아, 페칼리박테리움, 프레보텔라, 박테로이데스가 각각 대략 10% 정도라고 볼 수 있다(그림 2).

이 자료와 비교해보면, 내 장에는 프레보텔라가 압도적으로 많은 편이다. 프리보텔라는 식이섬유를 포함한 자연식을 하는 사람들에게서 많이 발견된다. 아프리카 아이들과 유럽의 아이들을 비교해보면 아프리카 아이들에게 프레보텔라가 훨씬 더 많고,[5] 도시인, 농업인, 수렵채집인들을 비교했을 때에는 수렵채집인의 장에는 프레보텔라가 50% 가까이 되고, 농업인에게서는 점차 줄다가 도시인에게서는 거의 찾아보기 어렵게 된다.[6] 내 입안 미생물도 비슷한 결과가 나왔는데 장 미생물로 보아도 나는 원시인에 가까운 셈이다. 나는 이 분석결과가 참 마음에 든다.

장 건강을 위하여

식이섬유와 함께 하루 두 끼 먹기

소화나 장 문제는 나의 오래된 숙제였고 여전히 숙제다. 머리말에서도 얘기했듯, 나는 기본적으로 소화력이 약하고 나이가 먹을수록 더 약해지는 느낌이다. 국물까지 후루룩 마시던 그 맛있는 라면이나 짜장면을 못 먹은 지 오래다. 소화시킬 자신이 없다. 고소하고 달달한 빵의 유혹에는 여전히 쉽게 넘어가곤 하는데, 먹고 나면 여지없이 속이 불편하다. 또 어떤 음식이든 조금 배불리 먹었다 치면 저녁까지 속이 더부룩하곤 한다.

이 때문에 나는 40대 중반에 들어서면서는 하루 두 끼만 먹어왔다. 아침을 안 먹고 점심과 저녁만 먹으면 오전에 간혹 배가 고프기도 했지만, 머리가 명정한 느낌이 오히려 좋다. 아침을 안 먹으니 처음에는 위산 때문에 속이 불편하기도 해서 과일을 가볍게 먹다가, 50대에 들어서는 과일마저 먹지 않고 오전은 보리차 정도의 묽은 커피만 마시며 보낸다. 보통 5시 인근에 일어나 묽은 커피와 함께 책도 보고 자료도 보고 있노라면 7시 인근에 아랫배에 신호가 온다. 40대까지도 간혹 겪었던 변비도 아침형 인간으로 생활습관을 바꾸면서 벗어날 수 있었다. 잠에서 깨면 허겁지겁 출근하기 바쁜 현대인들에게 변비는 매우 흔한데, 아침에 긴장을 풀고 자신만의 시간을 갖는 것이 배변에도 좋을 것이다.

그런데 알고 보니 이런 나의 식습관이 '간헐적 단식'이란 이름으로 꽤 오랫동안 과학적 데이터를 쌓아온 방법이었다. 간헐적 단식(intermittent fasting, IF) 혹은 시간제한식(time restricted feeding, TRF)은 음식을 하루 중 16시간 정도는 먹지 않고 8시간 안에서 먹으라 권한다. 한 방송사에서도 간헐적 단식을 2014년에 방송하고 2019년 초에 다시 후속 프로그램을 내보내서 사회적으로 큰 반향을 일으키기도 했다. 간헐적 단식을 하는 것이 비만이나 당뇨, 고지혈증처럼 흔한 대사성 질환을 관리하는 데 효과가 좋다는 것이다. 게다가 결과적으로 소식을 하게 되니 다이어트에도 좋다.

인터넷에 검색을 해보면 간헐적 단식에 대한 이런저런 우려가 없는 것은 아니다. 하지만 나는 그런 우려에 대해서는 그다지 귀 기울이지 않는다. 내 경험으로 보아 이 식사법은 당연히 좋고, 과학적 데이터로 보아도 좋으며, 긴 진화적 시선으로 보아도 일리가 있기 때문이다.

간헐적 단식으로 먹는 시간을 제한하니 자연스럽게 양이 적어져 비만을 줄이고, 더불어 당뇨나 고혈압 같은 현대의 문화병에 효과가 있겠다는 것은 쉬이 연상할 수 있다. 실제로 세 끼 먹을 때와 비슷한 칼로리를 두 끼에 걸쳐 섭취한다고 하더라도 비만이나 당뇨를 비롯한 대사증후군을 예방하는 효과가 있다.[7] 또 간헐적 단식은 자연스럽게 더 적게 먹을 가능성을 높이는데, 소식(小食, calorie restriction)은 수명을 연장하려는 여러 연구와 시도 중에서도 가장 긴 역사와 많은 근거를 갖고 있다.[8] 미국 국립보건원 산하 노화연구소(NIA, national institute on aging)는 아스피린이나 당뇨약으로도 쓰이는 메트포민 같은 약물이나 녹차나 강황 같은 천연 성분들의 항노화 효과를 연구하고 있는데, 그 어떤 것도 소식의 노화지연 효과에 미치지 못한다고 한다. 소식은 불로초이고 젊음의 샘(Fountain of Youth)인 셈이다. 세계적인 장수촌인 일본의 오키나와에는 "하라하치부(Hara Hachi bu)"라는 속담이 있는데, "80%만 먹으라"는 뜻이다.

간헐적 단식은 장내 세균의 구성도 바꾼다. 간헐적 단식을 시킨 쥐의 장에는 보통 식단의 쥐보다 후벽균이 더 늘어났다. 그리고 그렇게 변화된 장내 세균은 에너지를 더 잘 소모하고 추위를 이기는 데 유리한 갈색지방의 증가에 기여했다.[9] 재미있는 것은, 간헐적 단식으로 변화된 장내 세균을 보통의 쥐에게 이식시켜 주었더니, 그 쥐에서도 갈색지방이 증가했다는 것이다. 늘 밥을 같이 먹는 식구(食口)가 중요하고 친구를 잘 사귀어야 하고 이웃이 중요하다는 것은 미생물 사회에도 통하는 것 같다.

왜 간헐적 단식이나 소식이 이런 효과를 줄까? 여러 추론이 가능하겠지만, 내가 보기에 이런 식습관이 사피엔스의 오래된 유전적 습성과 맥이 닿아 있기 때문이다. 우리 인류의 역사가 20만 년 정도라고 하는데, 그 역사를 통틀어 언제 어디서나 따뜻한 음식을 구할 수 있게 된 것은 극히 최근의 일이다. 이 짧은 기간을 제외한 긴 세월 동안 인류는 늘 추위와 배고픔에 떨었다. 우리나라로 치면 1970년대 이후 시작된 이 넉넉함은 여전히 우리 유전자에게는 어색한 일이다. 가끔 먹는 것을 끊어 속을 비워주고 혈당을 떨어뜨리는 것이 오히려 자연스럽다는 것이다. 특히 비만하고 당뇨가 있는 사람들에게는 간헐적 단식을 꼭 권하고 싶다.

배변 잘하기

잘 먹고 잘 싸는 것이 건강의 기본이라는 선조들의 지혜처럼 배변을 잘 하는 것은 으뜸으로 중요한 일이다. 나에게 하루 일상 가운데 가장 중요한 일을 꼽으라면 단연 아침 배변이라 답할 것이다. 변비가 있는 사람이라면, 횡성의 똥박사 양하영 한의사가 권하는 감자즙 요구르트를 먹어보면 어떨까 한다. 직접 먹어보니 나 역시 효과가 좋았다. 굳이 현대 과학적 언어로 감자즙 요구르트를 해석하자면, 감자의 식이섬유(프리바이오틱스)와 요구르트의 유산균(프로바이오틱스)을 한꺼번에 섭취하는 신바이오틱스(synbiotics) 음식이라고 할 수 있다.

통생명체의 눈으로 보면 배변을 잘하는 것은 더욱 중요하다. 내 몸의 미생물 부담을 낮추는 활동, 즉 위생활동 가운데 가장 중요한 것 역시 배변이다. 대변을 말려서 무게를 재면 1/3이 장 세균의 사체들이다. 음식과 함께 내 몸으로 들어가 장을 통과하는 동안 장에 원래 살고 있던 상주 미생물들과의 경쟁에서 밀려 장 점막에 붙어 증식하지 못하고 대변과 함께 밖으로 쏟아져 나온 것이다. 또 배변이 원활해야 입맛도 좋고, 맛있게 먹은 음식이 다시 장으로 들어가는 순환이 가능하고, 그 과정에 장 세균의 순환 역시 가능하다.

변비는 통생명체의 이런 순환이 막히는 것이다. 나가야 할 소화 잔여물의 순환이 막히고 100조 정도로까지 추정되는 장내 세균의 순환이 막힌다. 대장 속에 머무는 변은 그냥 있는 것이 아니다. 수분은 흡수되고 산소는 줄어들며, 변은 계속 부패하고 단단해진다. 그 환경에 맞추어 장내 세균도 변하는데, 산소를 싫어하는 혐기성 세균들이 증식하고 반대로 호기성 세균들은 줄어들어 세균들 사이의 평형이 깨지며 불균형 상태가 된다. 또 전체적으로 세균의 양이 증가하면서 우리 몸이 감당해야 할 세균의 부담이 늘어난다. 전형적으로 질병으로 가는 악순환이 시작되고, 장내의 독소와 세균들은 약해진 장 세포막을 뚫고 전신으로 향하게 된다. 이 현상을 과학자들과 의사들은 장누수증후군(leaky gut syndrome)이라고도 하고, 장세포 투과성 증가(increased permeability)라고 표현하기도 한다.[10] 결론적으로 평소 장 건강을 관리하는 으뜸은 변비에 걸리지 않는 것이라는 말이다.

변비에 걸리지 않으려면 평소 먹을 때부터 쌀 것을 생각해야 한다. 김치나 나물, 현미 같은 거칠고 식이섬유가 많이 들어 있는 자연식을 먹어야 한다는 말이다. 흰쌀, 흰 밀가루 등의 정제된 곡물로 만드는 음식들을 멀리하고 식품첨가물이 잔뜩 들어간 인스턴트를 피해야 한다. 나 역시 오랫동안 이들 음식이 주는 부드럽고 달달한 맛에 유혹을 느꼈고 지금이라고 자유로울 리 없지만, 현미밥을 먹은 이후로는 유혹을 훨씬 덜 느낀다. 거칠기 때문에 현미를 먹으려면 할 수 없이 꼭꼭 씹어야 하는데, 씹을수록 현미가 분해되며 고소하고 달콤한 느낌이 온다. 그 자연스러운 맛은 설탕이나 초콜릿, 달달한 빵과는 비교가 안 된다. 아마도 그 자연의 맛이 내가 빵과 아이스크림의 유혹에서 조금 더 멀어지게 해주었을 것이다.

현미는 식이섬유가 풍부하여 변의 부피를 늘려 배변을 좋게 하고, 장에서 세균의 먹이가 되어 우리 몸의 면역에 필요한 단쇄지방산을 만들게 한다는 것은 잘 알려져 있다. 이 외에도 여러 효과를 노릴 수 있는데,

그림 3. 장기 사이의 순환

간에서 만들어지는 담즙은 담낭에서 농축되어서 소장으로 분비된 다음, 소화 기능을 마치면 소장의 끄트머리나 대장에서 95%가량이 다시 재흡수된다. 현미는 소장과 대장을 통과하는 동안, 간으로 향하는 유기오염물질을 흡착하여 배설시킴으로써 간의 해독작용에 도움이 될 수 있다.

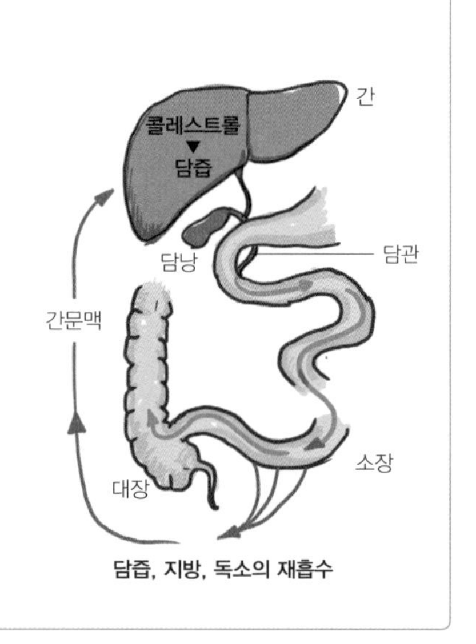

대표적으로 간의 해독에도 유리하다. 간은 지방을 분해하기 위해 담즙산을 만들어 소장 입구로 내보는데, 이때 간이 해독하고 있던 유기오염물질들도 담즙산에 섞여 함께 빠져나온다. 소장으로 나온 담즙산은 할 일을 마치면 소장 끄트머리나 대장에서 다시 간으로 흡수되어 95%가량이 재활용된다(그림 3). 담즙산과 함께 나온 유기오염물질도 이때 다시 간으로 향한다. 현미와 같은 식이섬유가 많은 음식을 먹어 소장과 대장에 식이섬유가 많다면 이 과정에 변화가 일어난다. 담즙산이 식이섬유에 흡수되어 변으로 나오고 그 와중에 간으로 향하던 유기오염물질도 함께 변으로 나온다는 것이다.[11] 결과적으로 간으로 가는 독성물질이 줄어드니 해독이 되는 것이다.

현미를 먹는 것만으로, 달리 말해 식이섬유가 많이 포함된 음식을 먹는 것만으로 소화나 변비 문제에 대해 완전히 안심하기는 어렵다. 소화나 변비에는 위장관만이 아니라, 간, 췌장, 쓸개 등 수많은 기관이 관여하기 때문이다. 또 긴장하고 스트레스 받으면 소화가 안 되고 변비가 심해지듯 뇌나 정신 건강 역시 중요하다. 바로 그 때문에 나는 오히려 소화나 변비 문제를 약으로 해결할 생각은 버려야 한다고 본다. 평소의 건강한 식습관과 규칙적인 운동이 오래 걸리지만 쉬운 해결책이란 것을 내 몸을 통해 느낀다.

위염과 헬리코박터

오랫동안 나를 괴롭히는 것 가운데에는 위장염도 있다. 가끔 느끼는 속쓰림은 아마도 그 때문일 것이다. 얼마 전에도 위내시경을 했는데, 내과 선생님이 내시경 사진을 보여주며 위축성위염이라고 했다. 그러면서 이게 혹시 헬리코박터 때문일지 모르니 검사를 한번 해보고, 만약 헬리코박터가 있다는 게 확인이 되면 항생제를 먹어 제균하는 것이 어떻겠냐고 제안했다. 나는 정중히 거절했다. 만약 헬리코박터가 있다고 하더라도 나는 그냥 데리고 살 것이기 때문이다. 학술 논문에서 위키피디어까지 참조해서 이 세균에 관한 내용을 요약하면 〈표 1〉과 같다. 자세히 살펴보자.

헬리코박터 파이로리(Helicobacter pylori)는 우리나라 유산균 광고에도 등장했던 마셜(Barry Marshall) 과 로빈(Robin Warren)이 1982년 위장에 사는 세균으로 발견해 위염과 위궤양의 주범으로 지목했던 세균이다. 그 전에는 위염이나 위궤양은 스트레스로 인한 신경성 문제나 매운 음식 혹은 담배 같은 것들 때문에 생긴다고 생각했다. 또 강산(strong acid)이 버티고 있는 위에는 세균이 살지 못한다는 습관성 사고가 오랫동안 버티고 있었다. 그래서 마셜과 로빈이 위에 세균이 살고 있다고 얘기해도 처음에는 곧이 듣는 사람이 없었다. 끈질긴 마셜은 포기하지 않았고 위에서 세균을 채취해 배양하는 데 성공했다. 사람들이 위에도 세균이 살고 있음을 눈으로 볼 수 있도록 만든 것이다. 심지어 그 배양액

표 1. 헬리코박터가 우리 몸에 미치는 영향

헬리코박터와 위암	헬리코박터를 가지고 있는 사람 6,695명을 4~10년 정도를 지켜보니, 항생제로 이 세균을 박멸한 사람들은 1.1%에서 위암이 발생했고, 그렇지 않은 사람들은 1.7%에서 위암이 발생했다.[12] 그래서 압도적으로 많은 논문들이 제균을 권한다.
제균 방법	헬리코박터가 만드는 위염이나 위궤양을 치료하기 위해서는 항생제와 위산억제제가 포함된 약을 1~2주 동안 먹어야 한다. 그래도 재발되는 경우가 많다. 헬리코박터도 항생제 저항성을 획득한 녀석들이 있기 때문에 항생제를 먹어도 제균이 안 될 수도 있다.
제균 후	헬리코박터를 항생제로 없앤 아이들은 오히려 천식이 증가한다.[13] 또 헬리코박터의 발본색원을 당뇨가 증가하는 원인으로 지목하는 논문도 있다.[14]
상주하는 세균	헬리코박터는 사람들의 입안과 위장에 살고, 약 50% 정도의 사람들이 이 세균을 갖고 있다. 그렇다고 해도 그 가운데 85%가 넘는 사람들은 아무런 느낌이나 증상 없이 평생을 지낸다.
공진화해온 세균	헬리코박터는 6만 년 전 호모사피엔스가 아프리카로부터 시작해 전 지구로 퍼질 때부터 인간의 몸에 서식했다. 인간과 함께 공진화해온 셈이다.[15]

을 스스로 마셔서 헬리코박터가 위염을 일으킨다는 것을 자신의 몸으로 증명했다. 마셜과 로빈은 위궤양과 위염을 일으키는 헬리코박터를 박멸할 수 있는 항생제 요법을 만들어내기도 했으니, 이들은 헬리코박터의 발견자이면서 안티-헬리코박터의 원조라 할 만하다.

몸을 아끼지 않은 마셜의 노력으로 주류 의학계에서도 위염과 위궤양에 대한 패러다임이 바뀌기 시작했다. 위염과 위궤양을 세균 감염으로 보는 시각이 커지고, 마셜과 로빈의 요법을 받아들여 헬리코박터 박멸 프로토콜이 등장했다. 결국 1994년 미국 국립보건원(NIH, National Institute of Health)이 재발성 위궤양은 대부분 헬리코박터 파이로리에 의한 것임을 인정하고 항생제 요법을 추천하기에 이른다. 그리고 2005년 마셜과 로빈은 그 공로로 노벨 생리의학상까지 거머쥐었다. 이후 마셜은 헬리코박터의 생장을 억제한다는 유산균 광고모델로 우리나라 텔레비전에서도 등장하게 된다.

30년 만에 이렇게 위염이나 위궤양에 대한 판도가 완전히 바뀌었다. 구글에서 헬리코박터를 검색해 보면, 거의 모든 사이트들이 증상, 진단, 치료 등을 서술해 놓고 있다. 학술자료들 역시 마찬가지다. 우리나라에도 그에 관련된 학회가 생겼고, 거기서 치료 가이드라인을 만들어 배포해 놓았다. 또 최근에는 헬리코박터가 항생제에 내성이 생겼기 때문에 대책이 필요하고, 이러저러한 조건으로 제균 대상자를 확대해야 하며, 이에 대해 건강보험을 확대해야 한다는 목소리도 있다.

특히 헬리코박터에 대한 경계심이 커진 것은 이것이 위암(gastric cancer)의 주요한 위험요인으로 지목되었기 때문이다.[16] 많은 염증이 그러하듯, 초기에는 가벼운 위염(염증)에서 시작해 위궤양(궤양)을 거쳐, 이것이 오래 지속되면 위암(암)으로 발전할 가능성이 크기 때문일 것이다. 하지만 헬리코박터가 불러올 위암에 대한 경계심이 나에게는 너무 과하게 느껴진다. 앞에서 본 것처럼 4년에서 10년 사이 헬리코박터가 있을 때와 없을 때의 위암 발생률이 1.1%와 1.7%다. 절대적 수치가 크지 않을 뿐만 아니라, 있을 때와 없을 때의 차이 또한 크게 느껴지지 않는다.

헬리코박터에 대한 다른 시각도 있다. 전 세계 50% 정도에 이르는 사람의 위에는 헬리코박터가 산다. 그러나 이것은 검체 채취와 배양에 의존한 분포 추정치이다. 21세기 진전된 미생물 기술을 적용하면 더 많은 사람들의 위에 살고 있을 가능성이 크다.

또 여러 연구들은 헬리코박터의 제균, 즉 박멸 이후 다른 질병이 증가했다는 것을 보여준다. 헬리코박터를 없앴더니, 알레르기나 식도염 등이 증가하고, 아이들에게서는 천식이 증가한다는 것이다.[13] 인간의 몸에 살던 기생충이나 세균을 없애면, 면역기능에 혼선이 일어나 다른 질병이 생길 수 있다는 것은 위생가설(hygiene hypothesis)이 오랫동안 주장하는 바인데, 헬리코박터 역시 예외가 아니라는 말이다. 실제로 지난 20세기 후반의 인구학적 관찰은, 세균을 잡는 항생제가 사용되기 시작하면서 감염에 의한 질병은 줄었지만 면역질환은 늘어났음을 보여준다.[17]

인류의 조상인 호모사피엔스가 아프리카에서 출발했을 때부터 헬리코박터는 인간의 위 속에 있었고, 6만 년이라는 긴 세월 동안 진화가 진행되면서 헬리코박터 역시 함께 진화해왔다는 연구 결과도 있다. 의사이자 과학자인 블레이저(Martin Blaser) 같은 사람이 헬리코박터가 인간과 공존하는 세균이라고 주장하는 이유다.[18]

그럼 어떻게 할까? 물론 위궤양이 자꾸 재발되는(recurrent) 사람들은 헬리코박터 검사나 치료를 생각해볼 만하다. 헬리코박터에 대한 미국 국립보건원의 추천 기준 역시 '재발성' 위염과 위궤양이다. 하지만 일상적으로, 특히 정상적으로 아무런 증상이 없는 사람들이 그런 검사나 치료를 해야 한다는 것에는 동의가 안 된다.

헬리코박터와 위염의 관계를 증명하기 위해 마셜이 마신 것은 헬리코박터가 대폭 증식된 배양액이었다. 말 그대로 대량의 헬리코박터를 들여보내 자신의 위에 미생물 부담을 대폭 늘렸고, 그래서 감염이 된 것이다. 하지만 내 위에 살고 있는 적절한 양의 헬리코박터는 그 정도까지 대폭 증식하지 못한다. 내 몸과 긴장된 균형을 유지하면서 억제된다. 내가 헬리코박터 검사나 제균에 나서지 않는 이유다.

장염과 장내 세균의 균형

배탈 · 설사를 일으키는 장염의 경우, 나는 평소에 음식에 조심해서인지 거의 경험하지 않는다. 그런데 우리나라 사람들에게도 점차 스스로 통제할 수 없는 배탈 · 설사를 일으키는 염증성 장염이나 크론병 같은 장염이 늘고 있다고 한다. 아마도 대장암을 급속히 늘리는 주범으로 생각하고 있는 서구화된 식습관, 육식 위주의 식습관이 가져온 결과일 것이다.

장염을 어떻게 치료할까? 여기서도 주로 쓰이는 약은 크게 다르지 않다. 항생제와 스테로이드 같은 항염제가 또 등장한다. 피부나 구강, 폐의 점막에 문제가 생겼을 때와 같은 대처법이다. 그런데 장염에 대한 특별한 요법이 최근 제안되고 있다. 바로 건강한 사람의 똥을 이식하는 것이다. 자세한 내용은 4장에서 다루겠지만, 결론만 이야기하면 건강한 사람의 똥이 만성설사 환자에게 항생제보다 치료 효과가 압도적으로 좋다고 한다. 이런 사실은 장염의 미생물학적 원인을 역으로 짐작케 해준다. 먹는 것이 왜곡되거나 항생제가 대량 투여되면 장내 미생물 간에는 불균형이 발생하고, 이 불균형이 장염을 만든다는 것이다.[3] 피부질환이

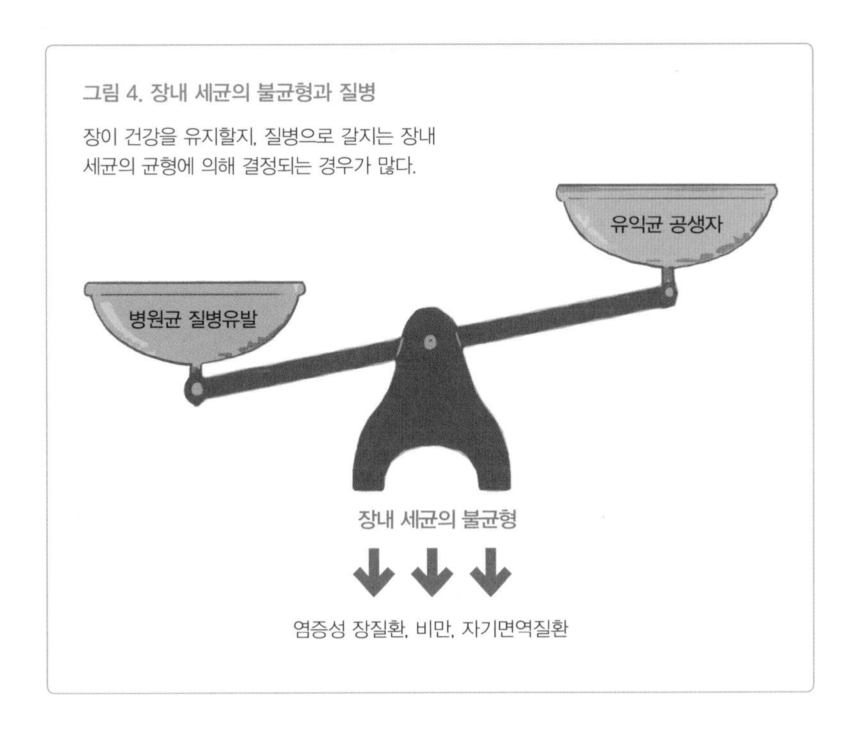

나 잇몸병, 폐렴이 진행되는 것과 완전히 같은 방식이다.

통생명체인 내 몸, 그 중에서도 특히 세균 밀집지역인 장의 건강을 위해서는, 무엇보다도 항생제를 조심하는 것이 필요하다. 나아가 모든 약을 가능한 멀리 해야 한다. 역시 4장에서 자세히 다루겠지만, 세균을 향한 약인 항생제만이 아니라 가장 흔한 약인 진통소염제나 고혈압약을 비롯한 모든 약들이 장내 세균을 바꾸기 때문이다.

통생명체인 내 몸과 내 대장의 세균이 건강하게 평형을 이루려면, 일상의 습관과 음식을 조심하는 수밖에는 없다. "내가 먹는 것이 곧 나다(I am what I eat)." 쉽고 빠른 지름길이란 애초에 없다.

4. 기도와 폐에 사는 세균 돌보기

기도와 폐에 사는 세균들

코에서 시작해 폐까지 이어지는 호흡기는 공기와 함께 미생물이 늘 오가는 곳이다. 이산화탄소를 내보내고 산소를 받아 몸속으로 들여야 하는 호흡기 점막은 모두 펼쳐 놓으면 무려 $70m^2$ 정도에 이른다. 우리 몸을 감싸고 있는 피부에 비해 40배가량 넓은 것이다.[1] 이렇게 넓은 표면은 공기 속 미생물들에게 좋은 안식처가 된다.

호흡기로 들어온 미생물 입장에서 보면, 우리 몸 밖에서 코를 거쳐 폐에 이르는 동안 온도나 습도, 산도(PH)를 비롯한 많은 환경들이 달라진다. 그에 따라 사는 세균들의 종류도 조금씩 다르다(그림 1). 호흡기의 가장 바깥쪽인 코에 사는 세균들은 거의 모두 피부에서 옮겨온 것이라 종류도 피부에 사는 세균과 비슷하다. 또 이들 세균들의 종류는 유전자에

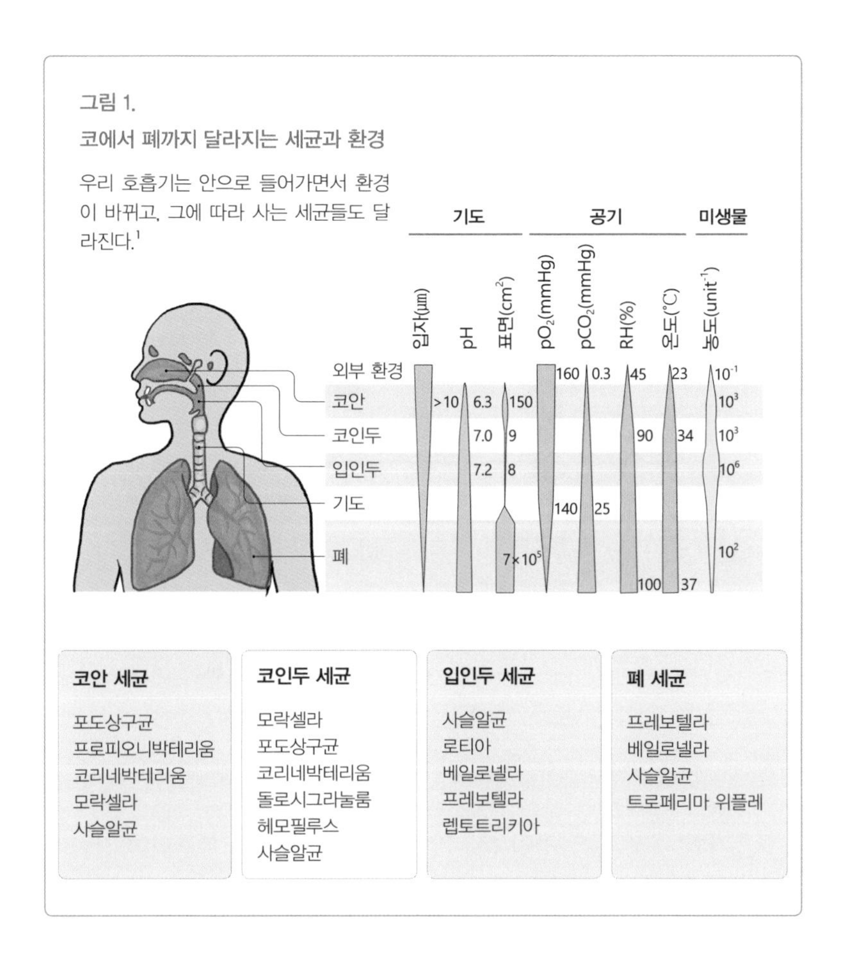

그림 1.
코에서 폐까지 달라지는 세균과 환경

우리 호흡기는 안으로 들어가면서 환경이 바뀌고, 그에 따라 사는 세균들도 달라진다.[1]

서 시작해 우리가 세상에 나오는 방법(제왕절개 혹은 자연분만), 먹는 것이나 씻는 방법, 흡연 여부 등등 여러 요건에 의해 달라지고, 실시간으로 달라진다. 이런 다양한 미생물들이 우리 몸과 또 자기들끼리 적절한 균형을 유지하면 우리 호흡기는 건강을 유지하고, 평형이 깨지면 감염과 염증으로 가게 된다(그림 2).[1]

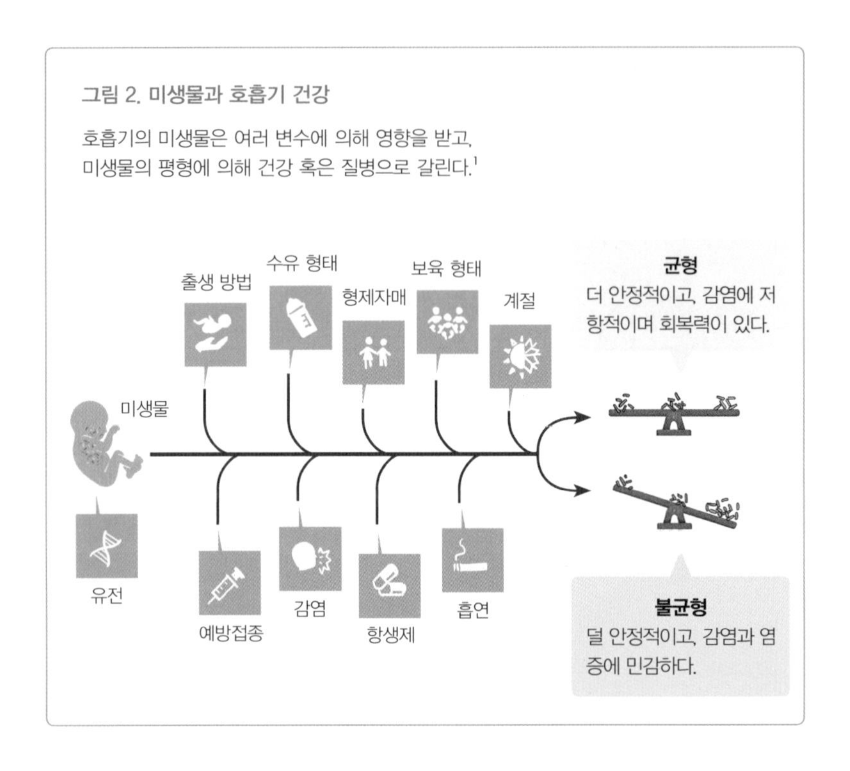

그림 2. 미생물과 호흡기 건강

호흡기의 미생물은 여러 변수에 의해 영향을 받고, 미생물의 평형에 의해 건강 혹은 질병으로 갈린다.[1]

호흡기의 가장 깊은 곳인 폐는 건강한 사람의 경우 무균의 공간이라는 도그마가 오랫동안 지배해왔다. 이런 흐름은 21세기에 들어선 이후의 의학교과서에도 발견될 만큼 관성이 강하다.[2] 원래는 세균이 살지 않는 깨끗한 폐에 외부에서 병적 세균이 침범해서 대폭 증식할 때 폐렴이 발생한다고 설명되어온 것이다. 하지만 이것은 사실이 아니다. 통생명체 개념으로 보면, 이것은 상식적으로도 존재하기 어려운 가설이고 19세기 말부터 설정되어온 코흐의 가설이 남긴 여운에 불과하다. 2010년 이후 쏟아지고 있는 수많은 연구들은 건강한 사람의 폐에도 수많은 세

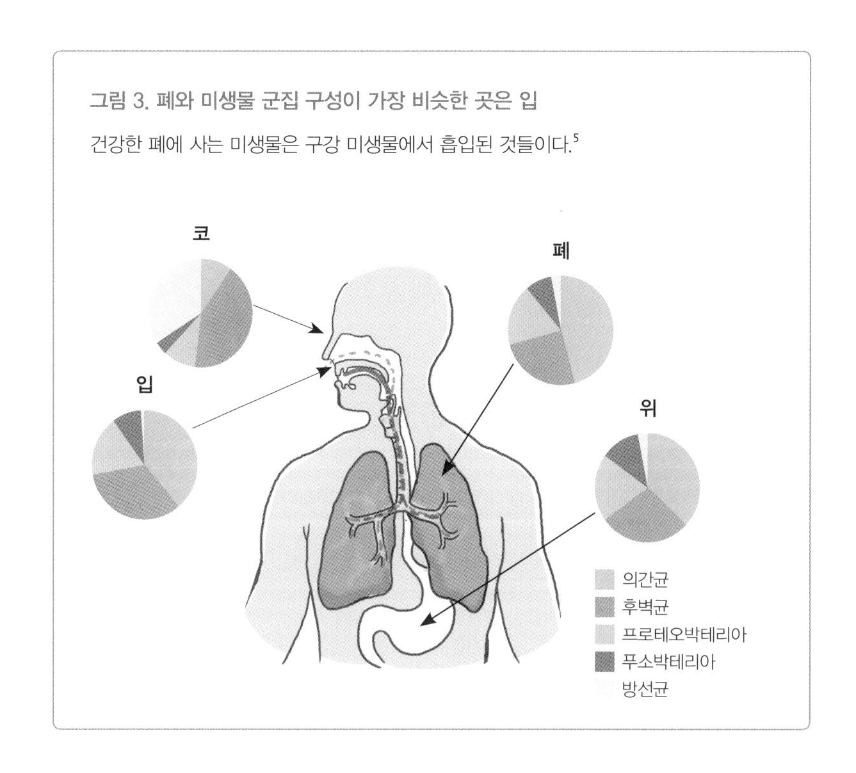

그림 3. 폐와 미생물 군집 구성이 가장 비슷한 곳은 입

건강한 폐에 사는 미생물은 구강 미생물에서 흡입된 것들이다.[5]

균들이 살고 있음을 보여준다.[3,4] 공기의 순환과정에서 폐로 들어온 녀석들 가운데 일부가 터를 잡고 증식한 것이다. 좀 더 구체적으로 보면, 건강한 사람의 폐라도 베일로넬라, 프레보텔라, 사슬알균 같은 것들이 많이 살고, 푸조박테리움이나 헤모필루스 같은 것들도 산다.

그럼 이 세균들은 어디서 왔을까? 코와 입 가운데 하나일 텐데, 결론부터 말하면 입이다(그림 3). 콧구멍에 사는 미생물은 피부 미생물과 유사하고 폐에 사는 미생물 구성에는 거의 영향을 미치지 못한다.[6] 우리가 호흡을 할 때 침이 안개처럼 미세하게 흩어지며 공기를 따라 폐로 빨려 들어간다. 이것을 미세흡인(microaspiration)이라고 하는데, 폐와 호흡기의 미생물은 이때 침에 실려 이주한 것들이다. 침 속에 섞여 있던 구강 미생물이 폐로 빨려 들어가 자리를 잡고 사는 것이다. 이쯤 되면 구강은 음식과 호흡을 통해 우리 몸으로 들어가는 모든 미생물들의 관문(gateway)이라 할 만하다. 실제로 이런 표현이 학술지에 자주 등장한다.

감기에 안 걸리려면 몸을 따뜻하게

우리는 한순간도 숨을 쉬지 않을 수 없고, 우리 호흡기는 그래서 늘 공기중의 바이러스에 노출된다. 인류 전체가 가장 오랫동안 가장 흔하게 겪는 감염병이 감기인 것도 당연하다. 그런데도 이 흔한 감기의 원인과 진단과 처방은 지금까지도 여전히 제각각이다.

감기는 리노바이러스(rhinovirus)라는 바이러스 때문에 걸린다고 알려져 있다. 그러나 꼭 이것만이 원인인 것은 아니다. 리노바이러스가 가장 많이 등장하지만, 이 외에도 다양한 바이러스들이 원인으로 등장하고[7] 앞으로는 더 많이 등장할 것이다. 우리 몸에는 바이러스들도 다양하게 살기 때문이다.

리노바이러스를 포함해 많은 바이러스가 좋아하는 온도는 33~35℃다.[8] 이 온도에서 바이러스의 복제가 활발히 일어난다. 말하자면 바이러스 감염과 확산이 빠르게 이루어진다는 것이다. 이 온도는 평균 체온인 37도보다 약간 낮지만 몸의 바깥쪽에 노출되어 있는 코 부위의 평균 온

표 1. 감기의 원인으로 거론되는 바이러스들[7]

바이러스	연간 추정 비율
리노바이러스	30~50%
코로나바이러스	10~15%
인플루엔자 바이러스	5~15%
호흡기 세포융합 바이러스	5%
파라인플루엔자 바이러스	5%
아데노바이러스	<5%
장내 바이러스	<5%
메타뉴모바이러스	?
알려지지 않은 바이러스	20~30%

도이기도 하다. 이것이 체온보다 상대적으로 온도가 낮은 코를 포함한 상기도에서 감기가 시작되고, 기침, 콧물 같은 증상이 확산되는 이유이며, 몸을 따뜻하게 하고 따뜻한 수증기를 쐬면 감기 증상이 완화되는 이유이기도 하다.

온도는 바이러스뿐만 아니라 우리 몸의 방어작용에도 영향을 미친다. 리노바이러스에 감염시킨 쥐 실험을 통해 33℃와 37℃에서 코 점막세포의 방어작용이 어떻게 변하는지를 관찰했더니, 33℃일 때보다 37℃일 때 코 점막세포들이 인터페론과 같은 항바이러스 면역분자들을 훨씬 더 많이 만들었다.[9] 당연히 37℃일 때 33℃에 비해 리노바이러스의 확산 속도는 느렸다(그림 4). 감기에 안 걸리려면 한기를 조심해야 하고, 감

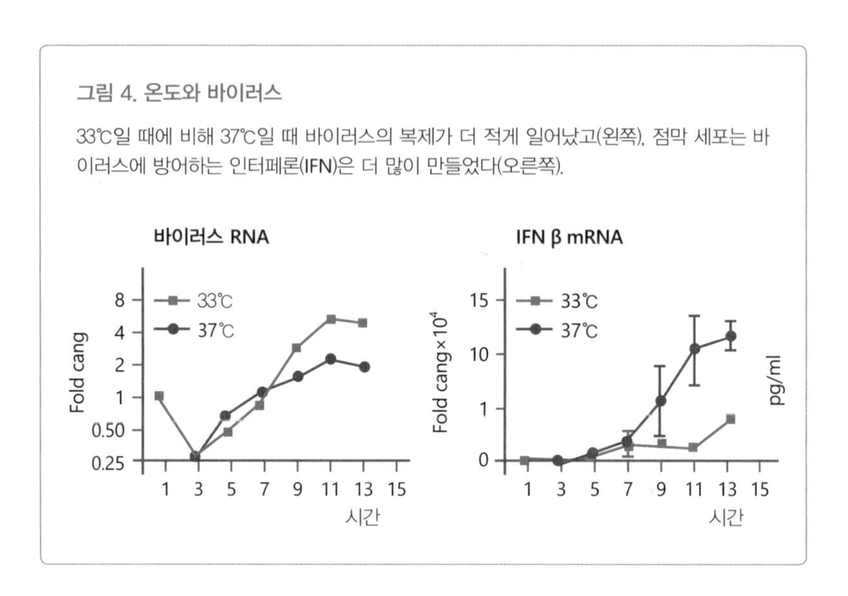

그림 4. 온도와 바이러스

33℃일 때에 비해 37℃일 때 바이러스의 복제가 더 적게 일어났고(왼쪽), 점막 세포는 바이러스에 방어하는 인터페론(IFN)은 더 많이 만들었다(오른쪽).

기에 걸리면 몸을 따뜻하게 해야 한다는 것이다.

감기에 걸리고 난 후의 진행과정에 대해서도 많은 연구가 있었다. 염증에 관여하는 여러 분자적 메커니즘이 거론되는데, 대표적으로 등장하는 이름들이 싸이토카인이라고 불리는 인터류킨이나 TNF 같은 염증의 매개자들이다.[10] 하지만 나는 이런 설명에는 별로 눈이 가지 않는다. 이런 설명은 우리 몸에서 일어나는 모든 염증에서, 즉 장염, 폐렴, 치주염, 피부염 등에서 늘 비슷비슷하게 등장하는 것들이기 때문이다. 감염은 우리 몸 곳곳에서 부분적으로 일어나지만, 우리 몸은 전체적으로 한 가지 반응으로 대응한다. 바로 방어기능을 높이는 것이다.

여하튼 감기에 걸리면 기침, 콧물, 근육통, 고열 등이 우리 몸을 괴롭힌다. 과학자들과 의사들은 앞에서 얘기한 분자적 메커니즘 곳곳에 대응하는 약을 제안한다.[10] 바이러스에는 항바이러스제제, 몸의 염증반응에는 스테로이드, 근육통에는 진통제, 심지어 준마약성 진통제인 코데인까지 감기에 흔히 처방된다. 하지만 이런 처방들은 "약 먹으면 1주일, 안 먹으면 7일"이라는 조소 섞인 상식에 무너져 내린다.

감기에 약은 아무런 효과가 없다. 내버려둬야 하고 견뎌야 한다. 기침이나 콧물은 바이러스를 몸 밖으로 내보내려는 우리 몸의 안간힘이고, 근육통 역시 우리 몸의 면역이 펼치는 방어작용의 산물이다. 열이 나는 것 역시 마찬가지다. 몸의 온도를 높여 바이러스 증식을 억제하고 몸의 기능을 높이려는 안간힘이다. 위험한 수준의 고온이 아니라면 내버려두고 버텨야 한다. 그것이 약이 약을 부르는 악순환을 반복하지 않고 끊는 유일한 길이다.

남극이나 북극처럼 추운 지방에는 감기가 없다는 세간의 말도 있다. 그럴 수 있을 것이다. 온도가 심하게 내려가면 생명반응은 느려지고, 생명반응을 활용한 바이러스의 복제 역시 억제될 것이다. 그렇다고 바이러스 감염이 전혀 없다고 하기도 어려울 것 같다. 바이러스는 여전히 우리 인간에게 미지의 영역이다. 그래서 바이러스에 노출이 안 되려고 너무 애쓰는 것도 의미가 없다. 오히려 사회적 관계나 활동이 많을수록 감기에 덜 걸릴 수 있다.[11] 다양한 접촉은 부지불식간에 여러 바이러스에 노출시킬 것이지만, 우리 몸은 이에 따라 미리미리 준비를 한다. 한 개인으로 보아도 부지불식 노출 빈도가 쌓여가면서 감기는 줄어든다. 나이가 들면서 감기에 걸리는 횟수가 주는 것도 이 때문이다(그림 5).[7] 나 역시 느끼는 바이다.

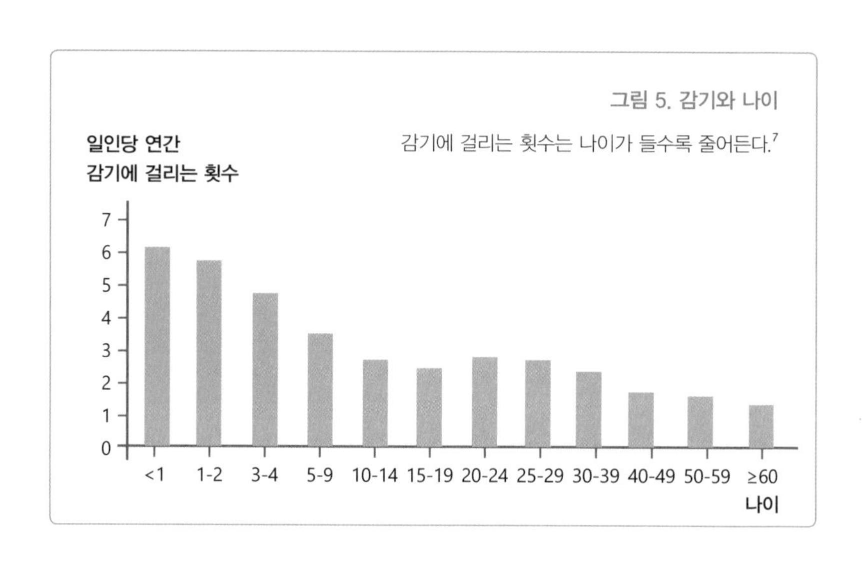

그림 5. 감기와 나이

감기에 걸리는 횟수는 나이가 들수록 줄어든다.[7]

감기에 항생제는 금물

감기로 가까운 병원에 가면 항생제를 처방받는 일이 많다. 한 조사에 의하면, 감기로 근처 의원을 가서 받는 처방전에는 80% 이상 항생제가 포함되어 있다.[12] 바이러스로 인한 감기에 세균 잡는 항생제를 처방하는 이유는 뭘까? 이에 대해 바이러스가 1차 원인이라 하더라도, 이 때문에 점막이 헐면 거기에 세균이 또 침투하는 2차 감염이 우려되기 때문이라고 설명한다. 이 말은 맞을까?

먼저 감기의 원인이 대부분 바이러스라는 것 역시 재검토해야 한다. 감기가 바이러스성이라는 말의 근거가 되어온 1998년 연구에 의하면, 감기에 걸린 사람들의 목에서 시료를 채취해서 미생물 검사를 했더니 대부분 바이러스성이었다.[13] 세균이 검출된 경우는 200명 중 7명에 불과했다. 그러니까 바이러스에는 아무 효과가 없는, 세균 잡는 항생제를 쓰는 것은 200명 중 7명을 제외한 나머지 사람들의 입장에서는 괜한 헛발질만 하는 것이고, 세균 입장에서는 항생제 내성을 키우는 것이다. 그래서 우리나라의 여러 의학회에서도 감기에 대한 항생제 처방을 강하게 반대하고 있고, 보건복지부에서는 각 의료기관의 항생제 처방율을 공개하기도 한다.

그런데 2014년 발표된 논문에서는 감기가 대부분 바이러스성이라는 기존 주장과는 조금 다른 얘기를 한다.[14] 감기에 걸린 사람의 37%에서 세균이 발견되었기 때문이다. 좀더 자세히 들여다보면, 원래 감기의 주범으로 꼽히는 바이러스가 검출된 경우에는 27% 정도가 세균도 함께 검출되었고, 바이러스가 없는 경우에는 그보다 훨씬 높아 46%가량에서 세균이 검출되었다. 이 연구만 놓고 보면, 감기는 세균성 감기와 바이러스성 감기가 거의 반반이고, 세균과 바이러스가 함께 일으키는 경우가 27% 정도라는 얘기가 된다. 1998년과는 전혀 다른 얘기다.

실험을 직접 하지 않는 입장에서 이 두 실험방법을 구체적으로 들여다볼 능력은 없다. 그렇다 해도 이 둘의 차이는 아주 분명하다. 그 전에는 몰랐던 세균성 감기가 훨씬 더 많다는 것이다. 1998년과 2014년 사이에 무슨 일이 있었길래, 과학자들은 전혀 다른 얘기를 하는 걸까?

나는 그 이유가 21세기 벽두부터 진행되고 있는 미생물학의 혁명에 있다고 생각한다. 이 혁명이 우리에게 말해주는 것은 분명하다. 이 책의 주제처럼, 우리 몸 어디나 원래 세균과 바이러스를 포함한 미생물들이 살고 있다는 것이다. 실제로 2014년 연구는 건강한 사람에게서 채취한 샘플의 5%에서도 감기를 일으킬 수 있는 세균이 살고 있음을 보여준다. 아마도 그 사람들에게서 감기 세균만이 아니라 모든 세균을, 모든 바이러스를 검출했다면 훨씬 더 많은 종류의 미생물이 살고 있음을 보여줄 것이다. 실제로 코와 구강을 통해 폐로 들어가는 길인 인후부에는 건강한 상태라도 프레보텔라(의간균 문)를 비롯한 수많은 미생물이 살고 있다는 것을 최근의 미생물 연구가 보여준다(그림 6).[15]

이제 다시 질문해보자. 감기의 절반 정도를 세균이 일으키므로 감기에 항생제를 처방해야 할까? 만약 세균을 감염원으로만 생각하고 박멸

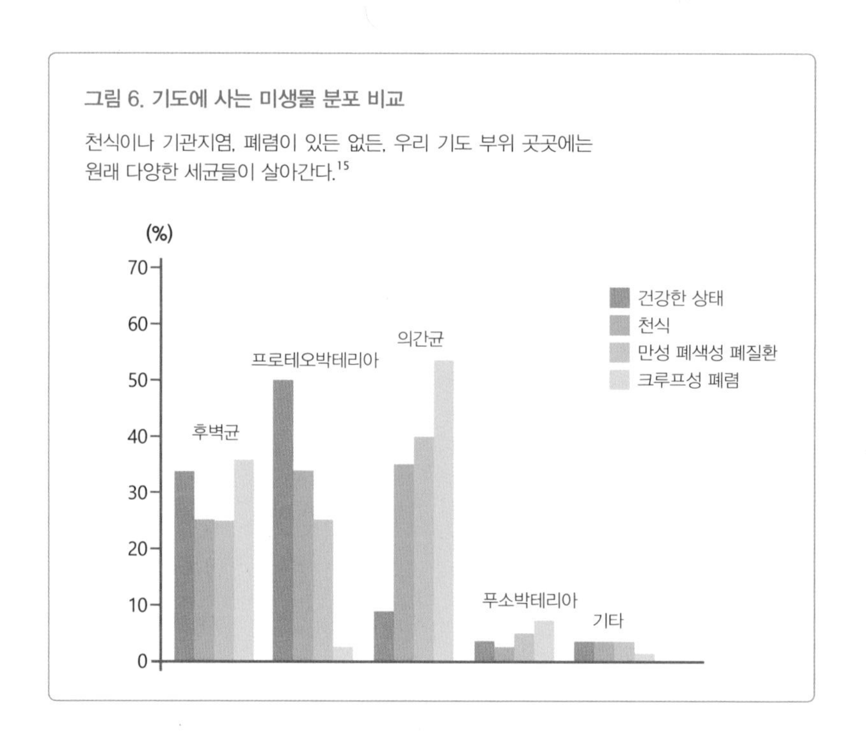

그림 6. 기도에 사는 미생물 분포 비교

천식이나 기관지염, 폐렴이 있든 없든, 우리 기도 부위 곳곳에는 원래 다양한 세균들이 살아간다.[15]

의 대상으로만 여겼던 20세기형 생명관으로 대처한다면, 그래야 할 것이다. 하지만 21세기 미생물학은 달리 말한다. 인후부에 살고 있는 대부분의 세균은 우리 몸을 보호하는 녀석들이라고.[15] 그 중 일부가 문제를 일으키더라도, 그 정도는 우리 몸이 스스로 알아서 해결하도록 두어야 한다고. 항생제는 그보다 훨씬 심각한 폐렴이나 패혈증처럼 자칫하면 생명을 앗아갈 수 있는 병을 대비하기 위해 아껴 두어야 한다. 원래 항생제는 그런 질환에 쓰는 것이고, 감기나 잇몸병이나 피부질환처럼 상대적으로 가벼운 질환에는 쓰지 말아야 하는 약이다.

말하자면, 감기에 항생제를 처방하지 말아야 한다는 것은 감기가 대부분 바이러스성이기 때문이 아니라, 우리 몸이 가진 건강한 면역력을 믿어야 한다는 뜻이다. 계속 강조하는 바이지만, 우리 몸은, 특히 외부로 뻥 뚫려 있는 소화관이나 호흡기는 미생물이 늘 오가는 곳이고 원래 미생물이 사는 곳이다. 녀석들은 그냥 우리 몸을 서식처 삼아 살아가는 존재들이고, 우리는 그들과 함께 사는 통생명체이다.

발치나 임플란트 시술 후에 항생제를 처방하지 않는다고 하면, 동료 치과의사들은 바로 묻는다. 입속에는 세균이 많은데 감염이 걱정되지 않느냐고. 나의 대답은 감기의 경우와 똑같다. 원래 사는 것이고, 내 몸이 원래 방어하는 것이라고. 항생제는 그런 곳에 쓰는 것이 아니라고. 기도에 문제가 생기는 감기에 항생제를 처방하는 것도 이와 완전히 같다. 부위만 다를 뿐이다. 감기에는 항생제를 먹는 것이 아니다.

나의 감기 대처법

얼마 전 나는 최근 10여 년 동안 가장 심한 감기 증상을 겪었다. 그래서 일지를 썼다(표 2).

주위 지인들에게 '저질 체질'이라는 얘기를 듣곤 한다. 실제로 그렇게 느낀다. 소화력이 약해 늘 먹는 것을 조심하고, 추위를 많이 타고 온도 변화에 민감해 특히 감기에 조심한다. 고등학교 때는 늘 감기를 달고 살았다. 버스정류장 앞에 의원이 있었는데, 그 의사선생님은 "넌 기관지가 약해" 하며 약을 지어 주시곤 했다. 소염제와 항생제였을 것이다. 그래서인지 고등학교 때는 변비도 심했다. 치과를 개업한 30대 초반까지도 철마다 심한 감기를 앓곤 했다. 그게 계기가 되어 아무래도 안 되겠다는 생각으로 약을 최소한으로 줄이고 운동을 생활화했다. 다행히 지난 20년 동안 몸져눕거나 약을 먹어야 할 만큼 힘든 감기를 겪지 않고 지금까지 지내오고 있다.

그러더라도 감기는 늘 내 가까이, 아니 내 안에 있다. 산 정상에 오르면 온도와 바람이 달라져 몸이 바로 차가워진다. 그러면 어김없이 편도가 따끔거린다. 겨울엔 당연히 감기 증상이 잦고, 환절기에도 때때로 감기 증상을 겪곤 한다. 실은 이 글을 쓰는 지금도 목이 따끔거리고 콧물이 줄줄 흘러내린다. 진료할 때에는 환자 앞에서 훌쩍거리기가 민망해 마스크를 끼고 조용히 진료만 하는데, 한 사람 볼 때마다 마스크에 콧물이 흥건히 고이곤 한다. 하루 종일 열 번 넘게 마스크를 갈아야 한다.

감기에 대처하는 방식은 사람의 건강 상태나 체질, 생활 습관에 따라서 다를 것이다. 또 감기증상이 오기 전에 평소에 건강 관리를 하는 것이 중요할 것이다. 이 당연한 것을 전제하고, 내가 감기에 대처하는 방식을 소개하면 이렇다.

일단 몸을 따뜻하게 한다. 평소에도 한기를 느끼면 감기가 온다는 것을 경험하고 과학적으로도 입증되어 있기에, 증상이 오면 몸을 따뜻하

표 2. 감기 일지

4월 17일	감기 기운을 느낌.
4월 18일	아침에 깨어 보니 편도가 부어 있음을 느낌. 개의치 않고 활동함. 저녁에 잘 때도 평상시처럼 가볍게 입고 잠. 자면서도 한기를 느꼈지만, 그냥 잠.
4월 19일	아침에 편도가 많이 부어 있음을 느낌. 진료하는 데 많이 불편함. 감기 기운이 있다고 환자들에게 양해를 구하며 마스크 끼고 진료했지만, 콧물이 줄줄 흘러내려 마스크를 계속 바꾸며 진료함. 저녁에 퇴근 후 꿀에 재어 놓은 배를 먹고 잠.
4월 20일	조금 가벼워졌지만, 증상이 여전히 지속됨. 퇴근 후 가볍게 운동하고 집으로 돌아와 와인 한잔을 데워 먹고 뜨거운 물에 샤워하고 내복을 입고 잠.
4월 21일	새벽 3시 30분에 일어나 가볍게 자료를 보고 5시에 등산을 감. 산행반에서 경북 청송 주왕산에 가기로 해서 몸 상태를 이유로 망설이기는 했지만, 일상생활을 계속하는 게 좋겠다 생각되어 그냥 가기로 함. 산행 중에도 먼저 내려올까 생각했지만, 그냥 따라감. 돌아오는 차 안에서 계속 잠을 청함. 오후 10시 30분 도착. 가볍게 샤워하고 옷을 따뜻하게 입고 잠.
4월 22일	아침. 가벼운 증상이 남아 있기는 했지만, 한결 가벼워짐. 감기의 피크가 지났다고 판단됨. 오전 10시 이후부터는 몸과 마음이 점점 더 가벼워짐. 감기가 확실히 없어진 듯. 신영복 선생님의 ≪강의≫의 한 대목이 떠오름. "감옥에서 감기에 걸렸을 때 약 한 알 못 먹고 온전히 몸으로 감기를 이겨냈는데, 회복할 즈음 세포 하나 하나에서 생명의 힘이 느껴졌다." 그런 느낌이 듦.

게 한다. 등산 배낭에 늘 두터운 옷을 넣고 다녀서, 산행 중 잠깐이라도 쉴 때나 정상에 올랐을 때는 옷을 한 겹 더 입어 몸의 온도를 보존한다. 요즘도 감기 증상이 느껴져 며칠째 내복을 입고 자고 있다.

둘째, 목이 따끔거릴 만큼 감기 증상이 가라앉지 않으면 꿀에 재워 놓은 배를 끓여 먹는다. 감기를 자주 앓는 나를 위해 아내가 찾아낸 방법인데, 알고 보니 미국 국립보건원도 감기에 걸렸을 때는 항생제 대신 꿀을 추천하고 있다. 따뜻한 꿀배를 먹고 일찍 자면 증상이 상당히 호전된다.

셋째, 그래도 안 되면 뜨거운 물로 목욕을 하고, 와인을 한잔 데워 먹고 잔다. 어젯밤에도 그랬는데, 증상이 한결 가벼워졌다. 뜨거운 목욕이나 따뜻한 와인 모두 내 몸의 온도를 올리는 것이다. 그러면 내 몸의 면역력이 증가할 것이다. 반대로 온도에 민감한 감기 바이러스는 파괴까지는 아닐지라도 위축될 것이다. 감기에 걸리면 열이 나는데, 그것은 감기 바이러스에 대처하는 내 몸의 전략일 수 있고, 이것을 아예 역이용하는 것이다. 내 경우에는 감기에 걸리더라도 열이 나는 일은 드물어서 아예 몸의 온도를 올려 바이러스에 대처한다.

내가 감기에 대처하는 방법은 여기까지다. 이렇게 해도 증상이 호전되지 않고 기관지염이나 폐렴, 천식 등으로 진행된다면, 그땐 병원진료를 받고 항생제를 포함해 약을 먹어야 할 것이다. 다행히 그렇게 진행되는 일 없이 지내고 있다. 사회활동으로 바쁜 사람, 특히 아이들을 키우는 엄마들의 경우, 아이가 아프거나 본인이 아플 때 약을 이용해 증상에서 빨리 벗어나고 싶은 마음이 들 수 있다. 나 역시 늘 그렇다. 스테로이드 주사라도 한 대 맞을까 하는 생각이 문득 올라오기도 한다.

하지만 그런 약에 의존하는 것은 악순환의 시작이고, 시간이 지날수록 악순환을 더욱 강화할 가능성이 크다. 병원 진료를 받고 약을 사용할 것인지 결정하는 포인트를 잡는 것은 어려운 일이지만, 최소한 내가 보기에 요즘은 그 포인트가 약과 병원에 너무 가깝다. 감기는 병원과 약이 없었던 때에도 늘 이 지구에 있었고, 우리 조상들은 나름의 방법으로 이겨냈다.

폐렴의 문제

치과의사인 나에게 특히 주목되는 연구가 있는데, 2002년에 일본에서 보고된 요양병원 리포트다.[16] 두 요양병원에 입원한 환자 100명 정도씩을 2년 동안 관찰했다. 한 쪽은 보통의 요양병원이었고, 다른 한 쪽은 좀 특별했다. 환자의 입안을 닦아준 것이다. 요양병원에 가본 사람이나 근무하는 사람들에게는 익숙하겠지만, 거동이 불편해 누워 있는 환자들의 입안 상태는 심각하다. 그런 환자들의 입안을 칫솔질이나 가글액으로 청결하게 해준 것이다. 2년 후 구강위생 관리를 한 요양병원에서는 폐렴에 걸리는 환자의 수가 1/3로 떨어졌다. 요양병원 환자들의 사망원인 1순위가 폐렴이니, 사망률 역시 1/3로 떨어졌다.

중환자실 환자를 대상으로 한 연구도 이와 비슷한 흐름을 보여준다. 인공호흡기를 끼고 있는 중환자실 환자들 역시 폐렴에 취약하다. 그래서 구강위생 관리를 해주었더니, 요양병원 연구에서처럼 폐렴 발생이나

사망률이 대폭 줄어들었다.[17]

아쉬운 점은 이들 연구에서는 구강위생 관리의 중요성만 강조할 뿐, 구체적으로 구강 미생물과 폐렴이 어떤 연관이 있는지는 밝히지 못했다는 것이다. 그런데 2010년 이후 쏟아져 나오는 폐미생물 연구는 앞의 두 연구를 매우 정합적으로 설명해준다. 위생 상태가 좋지 않아 입속에 세균이 많아지면, 미세흡인을 통해 폐로 빨려 들어가는 미생물의 수가 늘고, 그것이 폐의 미생물 부담을 높여 폐렴에 이른다는 것이다.

실제로 2010년 이후 감기나 상기도염, 위턱굴(상악동), 폐렴처럼 기도에서 발생하는 질병에 대한 설명방식은 완전히 바뀌었다. 말했듯이, 무균의 공간인 폐에 병적 세균이 침범해서 감염을 일으킨다는 코흐의 방식에서, 미생물 간의 평형이 깨지고 미생물과 우리 몸과의 평형이 깨지

그림 7. 코 주위 뼈에 비어 있는 동굴들

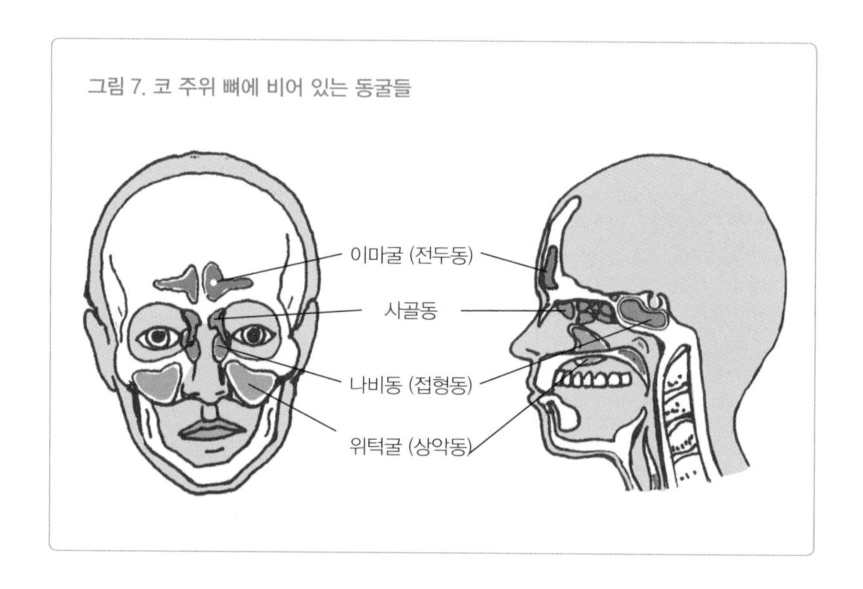

면 감염과 염증으로 간다는 방식으로 바뀐 것이다.[4, 5] 미생물학의 혁명이 주는 새로운 지식과 통생명체 개념의 설명 방식을 받아들인 것이다.

감기나 폐렴에 안 걸리려면 건강한 사람도 구강위생 관리에 신경을 써야 한다. 감기 걸리면 특히 칫솔질을 잘해야 한다. 또 부모님이 요양병원에 계시다면 입안을 관리해 드리는 것이 좋다. 장기적으로는 요양병원에도 치과위생사가 배치되어 구강위생 관리 서비스를 제공하는 것도 생각해볼 만한 일이다.

막상 폐렴에 걸리면 어떻게 해야 할까? 이것은 당연히 전문의의 몫이지만, 한 가지만 말하고 싶다. 보통 폐렴을 치료하기 위해 항생제를 투여하는데, 그 기간이 실은 분명치 않았다는 것이다. 경미한 폐렴의 경우, 환자들을 무작위로 나누어 3일간 항생제를 먹은 경우와 8일간 먹은 경우를 비교했더니, 치료 경과에 별 차이가 없었다. 반면 8일간 먹은 경우(21%)에서 3일간 먹은 경우(11%)에 비해 더 많은 항생제 저항성이 나타났다.[18] 심지어 심한 폐렴의 경우도 7일 이상 항생제를 먹어야 한다는 주장의 과학적 근거에 대한 의문이 있다. 7일 이상 먹은 경우와 7일만 먹은 경우 치료 경과의 차이가 없었기 때문이다.[19] 폐렴으로 입원하면 바로 링거가 걸리고 항생제가 포함된 수액을 맞게 되는데, 이 역시도 줄일 여지가 있다는 것이다.

과거에는 죽을병이었던 '폐병'은 이제 항생제 덕에 훨씬 더 가벼이 다가오지만, 그래도 여전히 폐렴이 사인인 경우가 많다. 얼마 전 문상을 갔는데, 망자는 전립선암으로 투병하다 항암치료 중에 폐렴이 생겨서 돌아가셨다고 했다. 암세포만 특정하지 않고 몸 세포까지 공격하는 항암제는 당연히 우리 인간의 면역력을 현격히 떨어뜨린다. 과연 그 항암 요법이 통생명체의 전체적인 건강에 유효했을까? 어쨌든 모든 질병은 통생명체의 몫이다.

5. 소결론

내 몸 미생물 다루는 방법 정리

1. 나는 나와 내 몸 미생물의 통합체, 통생명체(holobiont)이다. 실은 우리의 행성, 지구 자체가 미생물과의 통합체다.

2. 그래서 나의 건강은 거대 생명체인 호모사피엔스와 미생물 간의 긴장과 타협, 협력에 의해 좌우된다. 특히 그런 다이내믹한 상호작용이 일어나는 곳은, 나와 미생물이 쉽게 만나는 피부, 소화관과 호흡기의 점막이다. 미생물이 늘 오가며 접촉하기 때문이다.

3. 그렇게 보면 내 몸은 구강부터 장을 거쳐 항문까지 가운데가 뻥 뚫린 관과 같다. 호흡기와 요로 생식기도 뻥 뚫려 있기는 마찬가지다.

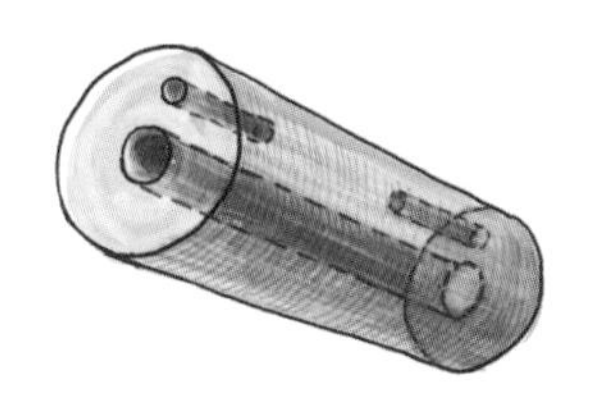

4. 내 몸에서 감염병이 자주 일어나는 곳도 그렇게 뻥 뚫린 곳이다. 우리가 병원을 주로 찾게 되는 이유를 보면, 위염과 폐렴, 감기, 잇몸병 등이다. 모두 외부로 뻥 뚫린 곳에 문제가 생기는 것이다.

5. 예방을 위해서는 평소 건강한 위생생활이 중요하다. 밖에 나갔다 왔을 때 잘 씻는 것, 양치 잘하는 것, 변을 잘 누는 것, 좋은 공기를 마시는 것은 모두 좋은 관리방법이다.

A. 좀 더 구체적으로 보면, 피부에 대해서 계면활성제가 포함된 세정제나 항생제 연고를 너무 자주 사용하는 것은 좋지 않다. 우리 피부에 사는 정상적인 세균들의 균형을 깰 수 있기 때문이다. 예컨대, 포도상구균을 억제하는 코리네박테리움을 죽임으로써 항생제 저항성이 높은 황색포도상구균에 감염되는 위험을 높일 수 있다. 물만으로도 충분히 깨끗이 씻을 수 있다.

B. 구강위생에도 계면활성제가 들어간 치약과 항생제 가글은 좋지 않다. 이들 역시 입속 상주 미생물을 해친다. 혈관 건강에 중요한 물질인 산화질소의 재순환에 기여하는 구강미생물을 해침으로써 고혈압을 유발할 수도 있다.

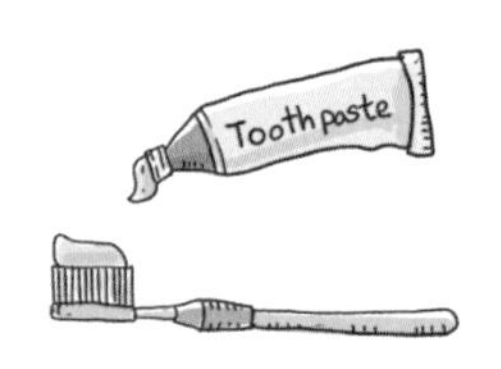

C. 장 건강을 위해 생감자즙에 프로바이오틱스 음료를 타서 먹는 것도 한 방법이다. 횡성 똥박사 양하영 원

장의 추천이라 나 역시 따라해 보고 있는데, 가끔 느꼈던 복통이 없어졌다.

D. 호흡기 건강을 위해 주말에는 도시를 벗어나기를 추천한다. 운동도 되는 등산을 하면 더욱 좋다.

6. 경증 감염에 대처할 때에도 가능한 약을 덜 쓰고 위생관리에 신경을 쓰는 것이 좋다. 치과 스케일링과 같은 전문가의 도움을 받는 것도 좋다. 약은 필요할 때 가벼운 소염제 정도로 사용하는 것이 좋고, 최소한 항생제를 함부로 쓰는 것은 피해야 한다.

A. 피부에 상처가 생겼을 때에는 그냥 몸의 면역력을 믿고 깨끗이 씻어주자.

B. 구강에 플라그가 많이 껴서 잇솔질할 때 피가 날 때는 특별히 잇솔질을 깨끗이 하자. 필요하면 치과를 찾아 스케일링을 비롯한 전문가의 도움을 받자.

C. 장염이나 설사가 나올 때에도 장 스스로 부담이 되는 물질과 세균들을 쓸어내도록 기다려주자. 물을 충분히 섭취하고 장에 부담을 주는 음식은 피하면서.

D. 감기에 걸렸을 때에도 쉬면서 몸이 이기도록 기다리자.

7. 중증 감염에는 당연히 항생제나 소염제를 비롯한 약이 동원되어야 하고, 심하면 수술적으로 염증 부위를 제거해야 한다.

8. 이상의 내용을 표로 정리해보면 아래와 같다.

표 2. 통생명체에서 미생물과의 계면에 대한 대처

<table>
<tr><th></th><th>피부</th><th>구강</th><th>장</th><th>호흡기</th></tr>
<tr><td>중증 염증</td><td colspan="4">약(항생제, 항염제), 수술적 제거</td></tr>
<tr><td>경증 염증</td><td colspan="4">자가, 전문가의 위생관리, 약이 필요하면 항염제 정도</td></tr>
<tr><td rowspan="2">예방</td><td>세정제, 항생제 연고 덜 쓰기</td><td>계면활성제 치약, 항생제 가글 안 쓰기</td><td>건강한 식단과 생활습관</td><td>환기, 산행 등 좋은 공기 마시기</td></tr>
<tr><td colspan="4">적절한 위생생활, 피부와 점막의 방어 기능 유지, 상주 미생물 보존,
내 몸과 미생물의 평형 유지, 면역력 유지</td></tr>
</table>

9. 이렇게 정리해보면, 현재 우리 주위에서 흔히 볼 수 있는 의료 행위의 문제가 보인다. 경증의 감염을 중증의 감염 다루듯이 하는 경우가 너무 흔하다. 환자들 스스로 주의하고 공부하고 물어야 한다.

10. 나의 일상적 진료영역인 구강 역시 위와 같은 위생활동이 전제되어야 한다고 믿는다. 감염이 심해져 이를 빼고 수술로 염증 제거하고 임플란트를 심는 것들은 그 다음 문제다. 다음 페이지 그림들은 이런 내 생각을 반영해 우리 병원 곳곳에 붙인 포스터들이다.

우리 병원 곳곳에 붙인 포스터들

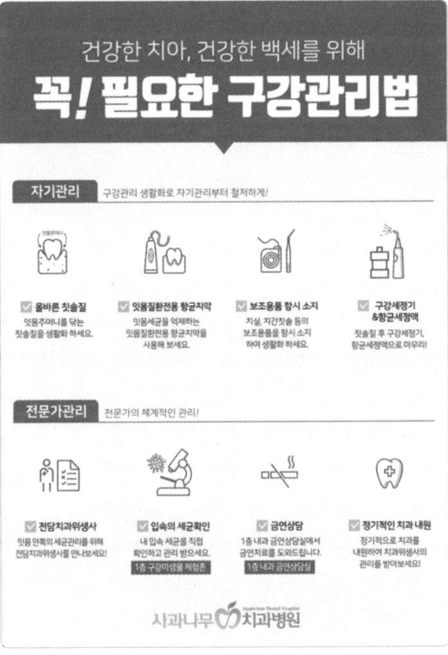

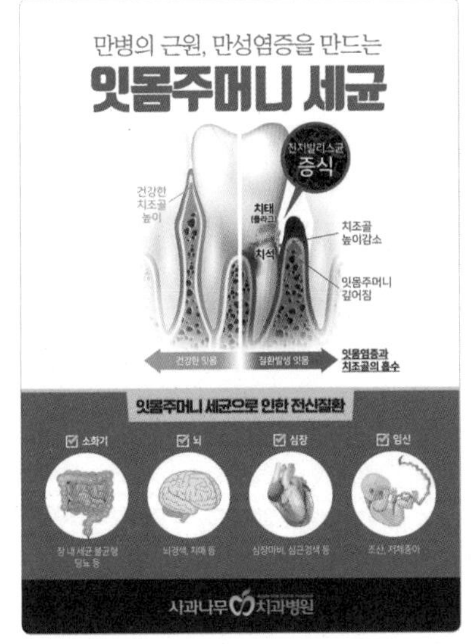

이 장에서는 나를 이루는 또 다른 주체, 호모사피엔스의 몸을 어떻게 다루어야 할지에 대해 서술했다. 약은 급할 때만 최소로 하고, 건강한 음식과 운동으로 내 몸을 평소에 돌보아야 내 몸 미생물과 건강한 평화를 이룰 수 있다는 얘기다. 뇌 역시 미생물의 영향권에 있어서, 공부를 통해 늘 뇌의 건강함을 유지하자는 제안도 있다. 앞에서 설명한 적절한 위생활동과, 좋은 음식, 운동, 공부는 내가 생각하는 건강한 노화에 반드시 필요한 4개의 키워드들이다.

3장

내 몸 돌보기

나는 통생명체다

1. 약은 급할 때만

세상의 모든 약은 크게 두 종류로 나눌 수 있다. 우리 몸을 향한 약과 우리 몸 미생물을 향한 약이다.[1] 미생물을 향한 약은 당연히 우리 몸 미생물을 바꾼다. 우리 몸을 향한 약은 어떨까? 역시 우리 몸 미생물을 바꾼다. 하나씩 살펴보자.

미생물을 향한 약

항미생물제제(antimicrobials)의 대표격인 항생제가 우리 몸 미생물에 영향을 주는 것은 당연하다. 그러려고 만든 약이니까. 항생제는 감염을 일으키는 세균을 죽이거나 생장을 억제해 염증을 가라앉게 한다. 그러면서 동시에 감염 부위가 아닌 곳의 세균까지 죽이고 만다. 가장 흔하게 영향받는 것은 장 미생물이다. 우리가 항생제를 삼키면 장에서 혈관으로 흡수되는데, 그 전에 장 미생물이 항생제에 노출된다. 내가 임플란트 수술 후에 구강 감염을 막기 위해 항생제를 처방한다면, 약을 복용한 환자의 장 미생물은 복용 전과 다르다. 장 미생물을 향한 것이 아닌데도 어쩔 수 없이 영향을 받는 것이다. 내가 항생제 처방과 사용을 자제하려는 이유다.

나는 지난 20여 년 동안 항생제를 전혀 먹지 않고 지냈는데, 한번은 산행 때 발가락에 생긴 상처가 아물지 않아 하는 수 없이 며칠 먹어야 했다. 그 일이 있기 전에 내 대변을 천랩(ChunLab)이라는 회사에 보내 유전자 검사를 통해 세균 검사를 한 적이 있었는데, 항생제 먹은 후에 다시 검사를 했다. 항생제 먹은 후에 내 장에 사는 세균에는 두 가지 변화가 보였다. 일단 전체 수가 줄었다. 그리고 조성에도 변화가 있었다. 원래 많던 프레보텔라의 상대적 비율이 대폭 줄고, 대신 서구인들에게 많은 박테로이데스의 상대적 비율이 대폭 늘었다(그림 1). 내가 먹은 아목시실린(Amoxicillin)이라는 항생제로 인해 세균이 전체적으로 많이 죽어 나갔고, 그렇게 흔들어진 미생물 군집을 비집고 증식한 녀석도 있었던 것이다.

염증 부위에서 직접 시료를 채취하지는 않았지만, 상처 부위도 마찬가지일 것이다. 역시 전체 수가 많이 줄고 조성도 바뀌었겠지만, 발가락 상처의 모든 세균을 죽이지는 못했을 것이다. 항생제가 바로 닿는 장에서도 세균이 모두 죽지는 않고 줄었을 뿐인데, 장에서 흡수되어 혈관을 돌다가 발가락에 도착한 항생제가 발에 염증을 일으키는 모든 세균을

그림 1. 항생제를 먹기 전과 먹은 후의 세균 분포

항생제를 먹기 전과 먹은 후에 대변 검사를 통해 장 세균의 분포를 살펴보았다. 전체적으로 수가 줄고, 조성이 또한 바뀌었다. 프레보텔라 많이 줄었고, 대신 박테로이데스가 많이 늘었다.

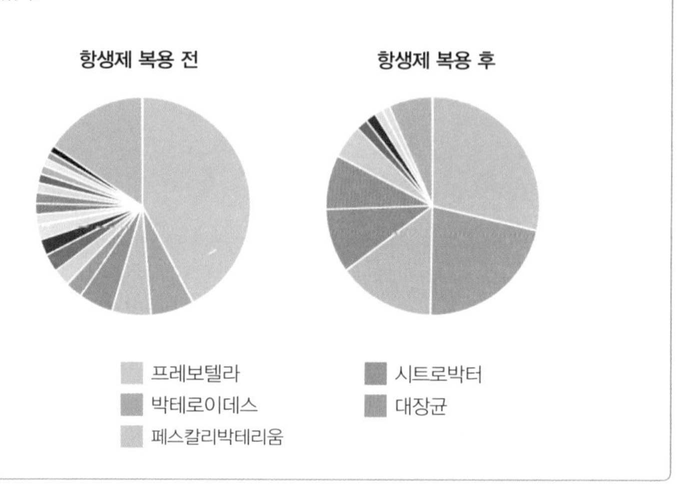

죽인다는 것은 불가능한 가정이다.

여기서 중요한 점은 내가 먹은 항생제가 해당 부위에서 염증을 만든 세균을 모두 박멸하는 것은 아니라는 것이다. 수를 줄였을 뿐이다. 통생명체인 내 몸에서 모든 세균을 죽이는 것은 애당초 불가능하고, 해서도 안 되는 일이다. 그럼 궁극적으로 치유를 한 것은 무엇일까? 바로 내 몸이다. 항생제는 세균의 부담을 낮추었고, 그렇게 세균의 양이 줄어들어 감당할 수 있는 수준이 되자 내 몸의 치유가 원활히 진행된 것이다. 결국 문제는 내 몸인 것이다.

나는 나를 찾는 환자들에게도 같은 태도로 대한다. 웬만한 잇몸염증이나 임플란트 수술 후에도 항생제를 처방하지 않는다. 우리 몸의 면역력에 맡겨야 할 세균의 부담을 항생제에 의존해 처리하려 하면, 우리 몸의 면역력은 약해지고 세균들은 항생제 내성이 생겨 강해지기 때문이다. 항생제는 내 몸이 감당하기 힘들 만큼 세균의 부담이 커졌을 때 사용하는 것이다.

물론 환자들에게 미리 말한다. 항생제는 꼭 필요한 약이지만, 꼭 필요할 때 써야 하기 때문에 아끼고 조심해야 할 약이라고. 그래도 불안해 하며 항생제를 달라는 환자들과 가끔 실랑이를 벌일 때도 있지만, 그럴 때에도 가능한 항생제는 먹지 말자고 버틴다. 어쩔 수 없이 항생제를 처방할 때도 종류를 가리지 않고 다 죽이는 광범위 항생제(broad spectrum)는 가능한 피한다. 광범위 항생제가 항생제 내성을 더 많이 만들기 때문이다.

나는 이런 방식으로 항생제를 대해야 한다는 것을 학위논문으로 썼고, 우리 병원 전체에 프로토콜로 만들어 항생제 처방율을 50% 가까이 낮춘 과정을 SCI급 학술저널에 발표하기도 했다.[2] 또 매월 항생제 처방 추이를 통계 내서 의사들과 직원들에게 발표해 상기시킨다. 그래도 여전히 우리 병원의 항생제 처방은 문제가 많고 더 줄일 수 있다. 통계를 보면, 전 세계적으로 50% 정도의 항생제가 오남용이라는 지적은 너무 흔한다. 심지어 치과에서의 항생제 처방 중 90% 이상이 불명확하거나 합리적이지 않다는 지적이 있을 정도다.[3] 우리 병원 역시 여전히 이 문제에서 자유롭지 않다.

왜 항생제 처방을 줄이는 것이 쉽지 않을까? 우리 병원에 근무하는 20

명 가까운 치과의사들과 가정의학과 전문의들과 함께 항생제를 줄이는 과정을 겪으면서 느끼는 바는 크게 두 가지다.

하나는 항생제 처방 없이 감염이나 염증을 다뤄본 경험이 많지 않다는 것이다. 20세기 내내, 21세기인 지금까지도 항생제는 의사들에게 가장 쉽게 감염을 다루는 도구이다. 내가 치과대학에 다닐 때만 해도 의약분업 전이니, 항생제를 의미하는 '마이신'은 감기처럼 아주 흔한 증상에도 만병통치약인 양 쉽게 먹는 약이었다. 심지어 우리 병원에 근무하는 가정의학과 전문의는 치과치료를 받는 동안 염증이 생길지도 모른다는 불안감 때문에 항생제를 미리 먹었다고 한다. 그러니 환자의 잇몸이 조금만 부어도, 점막이나 피부에 조금만 상처를 내는 시술을 해도, 발치처럼 조금만 피가 나는 치료에도, 가벼운 감기에도 항생제가 처방되는 것이다.

또 하나는 공중보건에 대한 인식의 문제다. 항생제를 처방하지 않았을 때 감염의 가능성이 조금 더 높은 것은 사실이고, 그럴 때 책임은 의사에게 돌아온다. 반면 항생제를 처방했을 때 올 항생제 내성에 대한 책임은 불특정 다수와 공중보건으로 향한다. 상황이 이렇다 보니, 의사들은 쉽게 항생제를 처방하게 되고, 그것도 가장 쉽게 문제를 해결하는 광범위 항생제로 손이 가게 된다. 이것이 우리나라의 항생제 처방, 그것도 광범위 항생제 처방이 세계적으로 많은 근본적 이유일 것이다. 물론 병원간 경쟁이 심하고 특히 사적 의료영역이 넓은 우리나라 의료시장에서 이런 문제를 의사 개인의 책임으로 돌리기는 어렵다. 그러나 이런 현상이 도덕적 해이(moral hazard)가 아니라고 하기도 어렵다.

기본적으로 항생제는 염증이 생길까 봐 먹는 약이 아니다. 감기 증상이 있는 사람에게 2차 감염이 걱정된다며 항생제를 처방하는 내과나 소아과 의사는 모두 관련 학회나 과학적 권고에서 눈을 돌리거나 겁이 나서 피하는 것이다. 이를 빼고 감염이 생길까 봐 미리 항생제를 처방하는 치과의사 역시 항생제를 오남용하는 것이다. 작은 염증이 있더라도 바로 항생제를 처방하는 것은 자제되어야 한다. 우리 몸은 방어력이 있기 때문이다. 해당 부위를 씻고 휴식을 통해 세균의 부담을 낮추어주면, 그래서 우리 몸이 감당할 수 있는 수준이 되면, 몸은 스스로 회복한다. 그것을 믿고 기다려야 한다.

항생제는 세균들이 이런저런 상황에서 대폭 증식해 우리 몸의 세균 부담을 높이고 그로 인한 염증이 제어되지 않을 때, 온몸으로 퍼지는 것을 막기 위해 쓰는 약이다. 물론 이 타이밍을 판단하는 것은 쉽지 않다. 임상적, 미생물학적 지식과 경험이 요구될 수밖에 없다. 또 지식과 경험이 아무리 많아도 완벽하게 예측하는 것은 불가능하다는 것 또한 사실이다. 미생물과 우리 몸의 관계에는 수많은 우연적인 생물학적 사건이 개입되기 때문이다. 이것이 또한 쉽게 항생제로 손이 가는 이유이기도 하지만, 바로 그래서 나는 항생제 처방이 훨씬 더 자제되어야 한다고 생각한다.

항생제 처방을 자제하는 나 역시 간혹 수술 다음날 얼굴이 퉁퉁 부어오는 환자들에게서 원망을 듣기도 한다. 그럴 때에는 하는 수 없이 항생제를 처방한다. 그러고도 문제가 해결되지 않은 적이 현재까지는 없다. 항생제는 그렇게, 감염이 생길까 염려되어 미리 처방하는 것이 아니라 생긴 연후에 사용하는 것이다. 1950년대부터 항생제의 '예방적 투여'라는 이름으로, 심장이 안 좋은 환자들의 경우 치과치료 전에 미리 항생제를 처방하던 것도 아예 폐기되거나 그 대상이 대폭 축소된 지 오래다(이에 대한 자세한 내용은 졸저, ≪미생물과의 공존≫ 참조).

인간을 향한 약

인간을 향한 약(human-targeted drug)은 인간 세포 안에서 일어나는 여러 생명과정을 차단하여, 염증을 낮추거나 혈당이나 혈압을 낮추거나 우울증을 줄이는 등을 하려는 약이다. 다시 말해, 인간을 향한 약은 모두 세포활동의 특정 기전(pathway)의 차단하려는 것(inhibiotor)이다. 대표적으로 우리가 가장 흔하게 사용하는 진통소염제는 사고와 감염에 대한 대응으로 손상된 우리 몸 세포에서 진행되는 일련의 과정에서 특정 포인트를 차단한다(그림 2).

우리 몸을 향한 이런 약들이 우리 몸 미생물에 영향을 미칠 것이란 생각은 과학자나 의사들에게도 오랫동안 간과되어 왔다. 진핵생물인 우리 몸의 세포구조가 핵이 없는 세균과는 다르다는 이유에서다. 하지만 그게 아니었다.

항생제 다음으로 많이 쓰이는 진통소염제 역시 우리 몸 미생물을 바꾼다.[4] 예를 들어 아스피린은, 장에 가장 흔하게 사는 프레보텔라와 박테로이데스에 영향을 미쳐 프레보텔라는 줄고 박테로이데스는 늘어난

다(그림 3). 내가 가장 많이 처방하는 진통소염제인 이부프로펜는 박테로이데스를 줄이기도 한다.[4]

게다가 진통소염제는 위막과 장막을 자극하여 점막의 방어기능을 훼손시킨다는 것은 오래 전부터 알려져 왔다.[5] 점막은 소화관을 통과하는 음식물에 섞여 있고 또 장에 어마어마하게 살고 있는 미생물이 우리 몸 안으로 들어오는 것을 방어하는 성벽인데, 그것이 허물어지는 것이다.

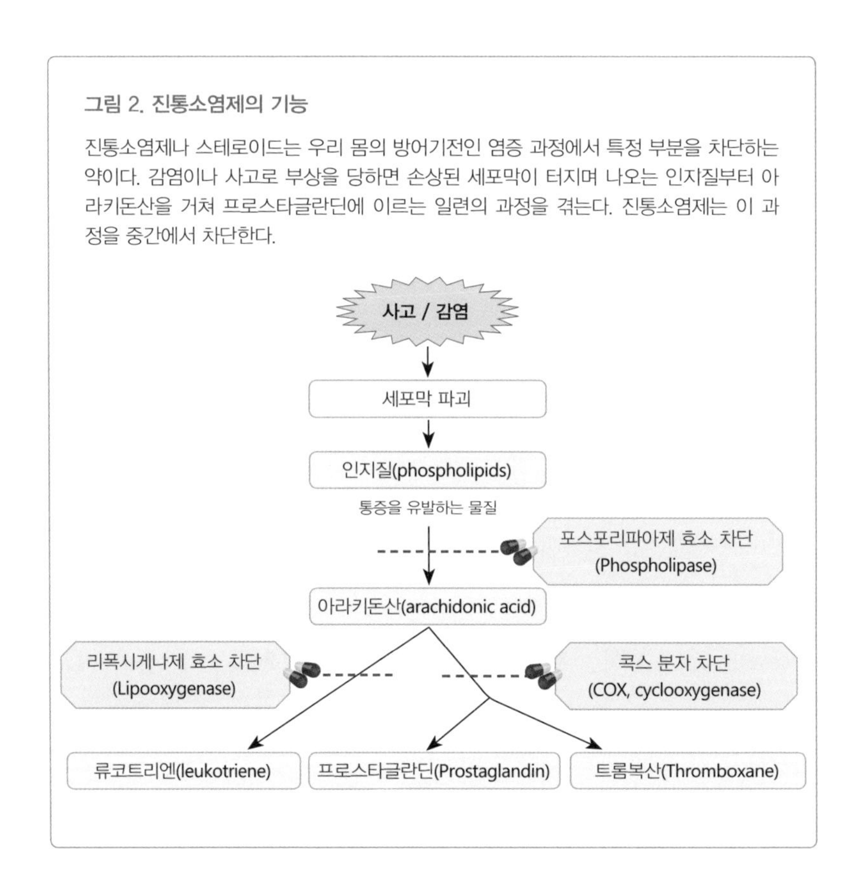

그림 2. 진통소염제의 기능

진통소염제나 스테로이드는 우리 몸의 방어기전인 염증 과정에서 특정 부분을 차단하는 약이다. 감염이나 사고로 부상을 당하면 손상된 세포막이 터지며 나오는 인지질부터 아라키돈산을 거쳐 프로스타글란딘에 이르는 일련의 과정을 겪는다. 진통소염제는 이 과정을 중간에서 차단한다.

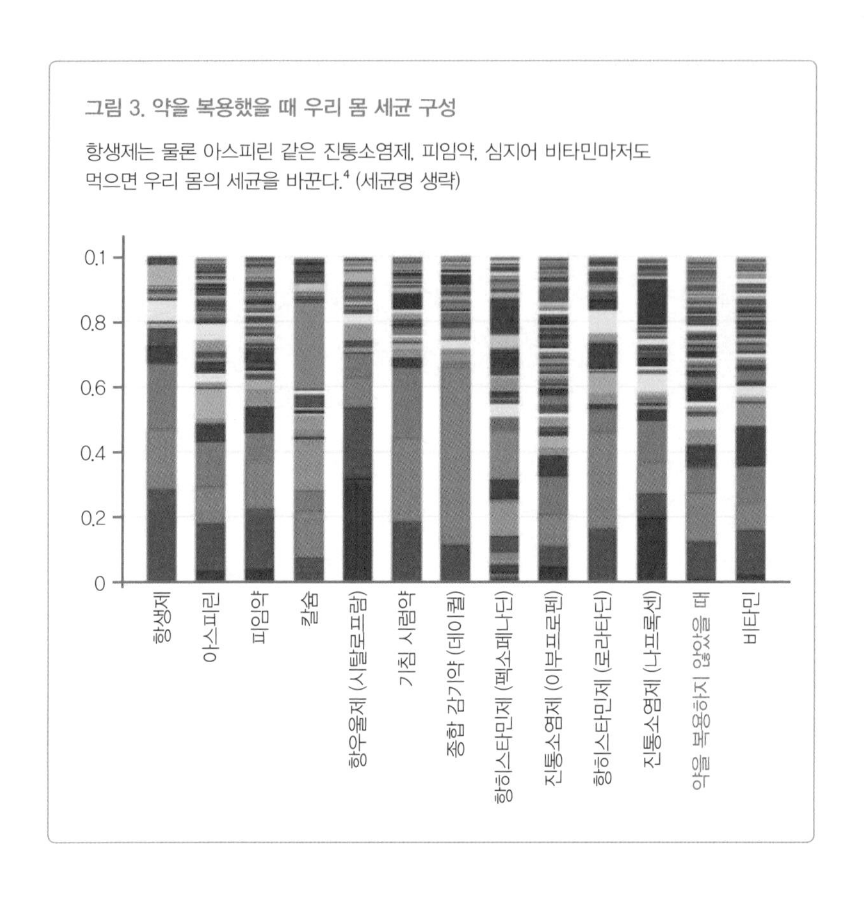

그림 3. 약을 복용했을 때 우리 몸 세균 구성

항생제는 물론 아스피린 같은 진통소염제, 피임약, 심지어 비타민마저도 먹으면 우리 몸의 세균을 바꾼다.[4] (세균명 생략)

그러면 장에 살고 있는 미생물이 혈관을 타고 우리 몸 곳곳으로 이동할 수 있다. 미생물의 위치이동(translocation)이 일어나는 것이다.[6]

당뇨에 많이 쓰이는 메트포민(metformin)도 우리 몸 미생물을 바꾼다.[7] 장 미생물을 바꾸는 것이 오히려 메트포민의 약효를 좋게 한다는 논문들도 있지만, 나는 이런 주장은 경계하는 편이다. 제조사에서 만들 때 예측하지 못했고 임상적으로 쓸 때도 예측하지 못한 약의 다른 능력은 비아그라에서 보이는 것처럼 흔히 있는 일이지만, 반대로 부작용도 여전히 모르는 것일 수 있기 때문이다. 정신질환약과 노령화 사회가 되면서 갈수록 많이 쓰이는 약들 역시 장 미생물을 바꾼다.[1] 고혈압약이 미생물을 바꾸는지는 검색이 안 되지만, 고혈압환자와 건강한 사람의 장 미생물이 다른 것을 보면, 영향을 미칠 것은 자명해 보인다.[8]

이런 변화가 장기적으로 몸 전체에 어떤 영향을 주는지는 아직 분명치 않다. 하지만 우리 몸에 원래 살고 있는 미생물 군집이 바뀌는 것(dysbiosis)은 좋은 징후가 아니다. 21세기 미생물학은 우리 몸 미생물의 교란(perturbation)이나 불균형(dysbiosis)이 질병으로 가는 지름길이라고 말하기 때문이다.[9]

왜 그럴까? 인간을 향한 약인데 왜 결과적으로 미생물에도 영향을 미칠까? 이 물음에 대한 답은 생명의 원리를 조금만 깊이 생각해 보면 지극히 간단하다. 세균이나 우리 인간이나 모두 생명체이다. 핵이 있든 없든 세포로 이루어진 생명체의 생존방식은 비슷하다. DNA라는 동일한 화학 구조로 유전자를 가지고, 그렇게 보존된 생명정보를 RNA에 전달하고, 그 RNA 정보로 단백질을 합성하여 생명활동의 촉매제, 즉 효소로 쓴다. 생명의 중심 원리(central dogma)는 우리 인간이나 세균이나 똑같다. 그래서 이 지구의 모든 생명은 동일한 진화적 근원을 가지고 있다는 것이다.

그렇기 때문에 인간 세포의 특정 과정을 차단하는 약이 미생물에 영향을 미치지는 것은 당연하다. 오히려 영향을 미칠 것이라고 상상하지 못한 사고의 관성이 생소하다. 반대로 세균을 향한 약인 항생제가 우리 몸 세포에 영향을 미치는 것도 당연하다. 그간 간과되어온 항생제의 부작용으로 우리 몸 세포의 삶과 죽음을 혼란시켜 암을 만든다는 주장까지 등장한다.[10,11]

우리 몸 세포와 미생물의 이런 근원적인 동일성에 더해, 화학적 약물의 대사과정도 문제가 될 수 있다.[5] 약이 우리 몸에 들어오면 대개 우리 몸의 화학공장인 간에서 해체되어 신장을 통해 오줌으로 배설된다. 그래서 약을 먹으면 오줌의 색깔은 달라진다. 그런데 그 해체의 결과물(metabolite)이 바로 오줌으로 빠져나가는 것은 아니다. 간에서 신장으로 가는 사이, 혈액 속에서 우리 몸을 돌다 나간다. 이 과정에서 우리 몸에 영향을 미치고, 우리 몸 미생물에 영향을 미친다는 것은 지극히 합리적인 추론이다.

통생명체인 우리 몸에서 어떤 약이 우리 몸을 향할지, 우리 몸 미생물을 향할지의 경계는 약하다. 그래서 다시 한 번 같은 결론에 이른다. 모든 약은 급할 때만 최소한으로 먹어야 한다.

2. 음식이 약이 되게 하라

음식은 내가 먹는 다른 생명

나는 아침에 배변을 한 뒤 꼭 변기를 확인한다. 무엇이 얼마나 나왔는지. 오늘 아침엔 참외씨를 발견했다. 어제 점심때 먹은 것이다. 참외씨를 두르고 있는 껍질을 내 소화관이 분해하지 못했으니, 녀석은 내 소화관을 통과하는 동안 무수히 많은 시련을 이기고 나온 것이다. 대략 18시간 정도 걸렸다.

정상적인 경우 내가 지금 먹는 것은 언제쯤 똥이 되어 나올까? 이것을 소화관 통과시간(Gastrointestinal Transit Time, GTT)이라고 하는데, 먹은 음식의 종류마다 다르고, 사람마다 다르기는 하지만 대략 하루 반에서 3일 정도 걸린다.[1] 이 시간은 당연히 일정치 않다. 고기처럼 질긴 음식을 먹으면 위에서 머무는 시간만 평균 5시간 정도다. 대충 씹어

넘기면 더 오래 걸릴 것이다. 펩신 같은 위의 여러 소화 효소로 음식을 잘게 부수는 데 더 많은 시간이 필요하기 때문이다. 고기나 질긴 음식을 먹으면 오랫동안 배가 빵빵한 이유다. 반면 무른 음식이나 물, 맥주, 와인 같은 액체는 훨씬 더 빨리 위를 빠져나간다. 이렇게 위를 빠져나간 음식이 소장으로 넘어가 흡수되고 대장을 거쳐 똥으로 나오는 시간이 대략 2~3일 정도 된다는 것이다.

나이가 들면 이 시간은 더 길어진다.[2] 음식이 입안에 머무는 시간도, 목구멍을 통과하는 시간도, 식도를 거쳐가 위장에 머무는 시긴도, 모두 길어진다. 그래서 노인들의 경우 식사량도 줄어들고 식욕도 덜 느낀다. 위에 음식이 오래 머물면 배가 덜 고프기 때문이다. 또 나이가 들면 변비도 많이 생긴다. 변비를 앓는 노인들을 주위에서 흔히 볼 수 있고, 이런 사실은 통계로도 확인된다. 젊은 사람인 경우, 특히 여성의 소화관 통과시간이 더 길다. 그래서 나이와 상관없이 여성들은 남성에 비해 변비에 더 잘 걸린다.[3]

소화관을 통과하는 시간은 여러 의미가 있다. 일단 너무 짧으면 음식물의 여러 성분을 흡수하는 데 문제가 된다. 음식을 먹고 바로 설사하는 경우, 우리 소화관은 음식을 통과시킬 뿐이다. 영양분을 흡수하지 못하니 힘이 빠지고, 증상이 길어지면 살도 빠지고, 건강도 위험해진다. 반대로 너무 길어도 문제다. 장은 우리 몸에서 세균을 포함한 미생물이 가장 많이 살고 번식하고 또 새로 들어가는 곳이다. 이것을 잘 배출해 주어야 장내 미생물 생태계가 원활하게 돌아간다. 똥의 1/3이 대장에 붙어 살지 못하는 세균들이 밀려 나오는 것들이다. 배출할 것은 배출되어야 우리 몸의 순환이 좋아진다. 변비에 걸리면 얼굴에 뾰루지가 나고, 속이 더부룩하고, 식욕이 떨어지고, 길어지면 더 큰 문제가 생긴다. 위생의 측면에서 보아도 마찬가지다. 예컨대 3일간 변을 못 보는 것은 3일간 샤워를 하지 않거나 3일간 양치를 하지 않는 것보다 훨씬 더 우리 몸의 미생물 부담(microbial burden)을 높히는 것이다. 쉽게 말하면 위생적이지 않다는 것이다.

나는 설사만 아니라면 소화관 통과시간이 짧은 것이 더 좋다고 생각한다. 우리 현대인은 먹는 것이 모자라거나 영양소가 부족해서 고통받지 않는다. 대신 너무 많이 먹고 너무 많이 흡수하는 반면, 그것을 잘 소비하지 못하고 잘 배설하지 못해 고통받는다. 이것이 내가 설사보다는 변비에 걸리지 않으려고 늘 의식하는 이유이고, 오늘 아침 변기에서 발견한 어제 점심때 먹은 참외씨가 반가운 이유다.

그러려면 어떻게 해야 할까? 50대 들어 나는 먹는 습관을 바꾸는 중이다. 예전에는 맛있는 것을 많이 먹었지만, 지금은 좋은 음식을 적절한 양만 천천히 먹으려 노력한다. 50대 전까지 폭식하는 습관이 있었다. 초등학교 6학년 때 키가 136cm였는데, 중학교에 들어간 이후 두 해에 각각 17cm씩 자라 거의 지금 키에 이르렀다. 그때는 정말 배부른 것을 몰랐다. 라면을 먹고 국물에 밥을 말아먹어도 부족해서 누룽지까지 먹었는데도 배가 안 찼던 기억이 있다. 대학교 때, 아니 30대까지도 짜장면이 너무 맛있어서 한 그릇을 비우는 데 5분이 채 걸리지 않았다. 한 입 가득 몰아넣고는 두세 번만 씹어 꿀꺽 삼키곤 했다. 뷔페식당에 갈 때에는 그 많은 맛있는 음식에 환호하며 성찬을 즐기곤 했다.

지금은 다르다. 몇 해 전 우리 직원들과 기분 낸다고 병원 근처의 호텔 뷔페로 회식하러 갔다. 맛있고 화려한 음식이 가득 준비되어 있었고, 나와 직원들은 마음껏 먹었다. 그런데 그렇게 먹고 난 다음의 더부룩함이 너무 불편했고, 그러니 기분도 오히려 편치 않았다. 한참을 걸으며 생각했다. '아, 이제 나는 뷔페식당에 갈 나이를 지났구나. 먹는 것에 욕심이 이제는 덜 생기겠구나. 먹는 전략을 바꿀 때가 되었구나.' 그 전부터 짜장면을 먹으면 부담스럽고 달달하게 유혹하는 케이크도 먹고 나면 속이 불편하곤 했는데, 거의 종착점에 이르렀나는 느낌이 왔다.

한창 성장할 때에나 젊을 때 식욕이 넘치고 배부름을 몰랐던 것은 당연히 내 몸이 필요해서일 것이다. 한 해 17cm씩 몸을 불리려면 얼마나 많은 생명의 재료들이 필요했을 것인가. 그때 더 좋은 음식을 더 많이 먹었다면 내 몸과 키는 더 건장했을 것이다. 하지만 노년에는 생명활동이 현저히 떨어지고, 그만큼 필요한 생명의 재료들도 줄어든다. 나이 들어 식욕이 떨어지고 또 내 몸이 소화를 안 시켜주는 것도, 이 정도만 필요하니 덜 먹으라는 몸의 신호일 것이다. 그래서 맛있는 음식을 맘껏 먹으려는 식욕마저 줄어드는 것이리라.

그렇다면 어떤 음식이 좋은 음식일까? 답이 있을 리 없다. 각자가 좋아하는 음식이 따로 있을 것이니까. 다만 나는, "음식은 다른 생명"이라는 인식이 중요하다고 생각한다. 우리가 먹는 음식은 지방이나 단백질, 탄수화물과 같은 성분으로 분해되기 전에는 하나의 생명이었고, 우리는 다른 생명을 섭취함으로써 우리에게 필요한 생명활동의 재료를 얻는다는 인식이 먼저라는 것이다. 음식을 성분이나 칼로리로 나누는 것은 음

진료하는 날 구내식당에서 먹는 점심식사

식 자체가 또 다른 생명이라는 통시적 시선 다음에야 나올 말이다. 또 이런 인식으로 식품 첨가물 같은 생명 이외의 재료들을 음식에 섞는 것은 가능한 피해야 한다.

나는 주 4일 진료하는데, 진료하지 않는 날은 주로 산행을 하며 보낸다. 진료하는 날에는 거의 대부분 우리 병원의 구내식당에서 점심식사를 하고, 산에 가는 날은 집에서 도시락을 싸가 산에서 먹는다. 음식을 식판이나 도시락에 담을 때에는 골고루 담으려고 신경 쓴다. 특히 병원 식당에서 식사할 때에는 나오는 음식은 가능한 조금씩이라도 모두 먹으려 한다. 우리 몸은 아주 적은 양이라도 꼭 필요한 영양소들이 많은데, 그것을 커버할 수 있는 가장 좋은 전략은 '골고루' 먹는 것이라고 생각하기 때문이다. 또 김치나 된장처럼 오래된 음식들이 내 몸에 맞는다고 생각하고, 또 내 몸이 그렇게 받아들임을 느낀다. 통생명체인 나에게는 배추와 콩이라는 다른 생명과 그 속에 버무려진 미생물이라는 또 다른 생명들로 구성된 밥상이 진정한 성찬이라고 믿는다.

그리고 천천히 꼭꼭 씹어 먹으려 한다. 나이가 들수록 음식이 위장에 머무는 시간은 길어진다. 나는 원래 소화력이 약하고 또 조금씩 약해지고 있다 느끼고 있지만, 천천히 먹는 것은 여전히 쉽지 않다. 나 역시 늘 허겁지겁 지내온 생활습관과 먹는 습관으로 오랜 시간 씹는 것을 의식적으로 연습해야 한다. 어떨 땐 30번 정도는 씹으려고 세어 보기도 한다. 천천히 오래 씹으면 확실히 그날 오후는 속이 더 편안하다.

식이섬유

골고루 먹으면서도, 내가 단 한 가지 신경 쓰는 음식 성분이 있다. 바로 식이섬유다. 식이섬유는 말 그대로 먹을 수 있는 섬유질 음식이다. 배춧잎을 결대로 찢어보면 섬유질이 보인다. 이렇게 보이지 않더라도 현미나 콩, 돼지감자 등 많은 식물성 음식은 식이섬유를 가지고 있다.

식이섬유는 탄수화물의 일종이다. 탄수화물(炭水化物)이란 말을 음미해보면 탄소가 수화되었다는 뜻이다. 영어로 carbohydrate 역시 탄소(carbo)가 물(hydrate)과 결합했다는 말이다. 화학식으로 보아도 마찬가지다. 가장 간단한 탄수화물인 포도당은 $C_6H_{12}O_6$로 탄소 6개와 물(H_20) 6개가 붙은 것이다. 한마디로 물 먹은 탄소, 물과 결합한 탄소라는 의미이고, 식물이 뿌리로 길어올린 물과 공기중의 탄소(이산화탄소)를 결합해 만든 것이 다름 아닌 탄수화물이다. 그 과정은 햇빛을 에너지로 쓰기 때문에 광합성(光合成, photosynthesis)이라 한다. 광합성은 아마도 중고등학교 생물시간에 가장 많이 등장하는 용어일 것이다.

그래서 탄수화물은 식물 그 자체이다. 물론 아보카도처럼 자신의 열매에 지방을 가득 저장하는 식물도 있고, 콩처럼 단백질이 많은 식물도 있지만, 대부분의 식물은 탄수화물 형태로 에너지를 저장한다. 열매만이 아니라 몸 전체에 저장한다. 식물의 잎도, 열매도, 가지도, 줄기도 모두 탄수화물이다. 심지어 딱딱한 나무껍데기도 리그닌(lignin)이라는 탄수화물이다.

인간을 포함한 동물은 식물의 탄수화물을 먹어서 해체하고 흡수해서 자신의 몸을 구성하고 움직일 수 있는 에너지로 쓴다. 밥도 빵도 나물도 김치도 과일도 모두 탄수화물이다. 심지어 예전에 먹을 것이 없어 나무껍질을 삶아 먹었다는 것도 그러기 때문에 가능한 일이다.

인간의 탄수화물 섭취에 대변혁이 일어난 것은 산업혁명 이후 혹은 20세기, 우리나라로 치면 1970년대 산업화 이후다. 쌀이나 나물이나 배추 등등을 직접 재배하거나 가까이에서 구해서 먹던 먹거리의 생산이 갈수록 거대 식품산업으로 넘어갔다. 그리고 탄수화물은 상품성을 높이기 위해 먹기 좋도록 잘 가공되고 더 달달해진다. 쌀, 밀, 설탕, 그리고 식물로부터 온 것은 아니지만 소금까지 모든 것이 정제(processing)된 것이다. 하얀 밀가루와 하얀 설탕을 생산하는, 이른바 삼백(三白)산업이 우리나라 최대기업인 삼성그룹의 출발이기도 했다. 지금은 이렇게 정제된 삼백식품이 즉석밥과 빵과 디저트로 만들어져 편의점에서 그야말로 편리하게 판매된다.

이 와중에 우리 음식에서 사라지고 있는 것이 바로 식이섬유다. 정제되기 전에는 음식의 주요 부분을 차지했는데. 현미를 정제해서 백미를 만들면서 없어진 것이 식이섬유이고, 사탕수수에서 식이섬유를 제거한 것이 설탕이며, 통밀에서 식이섬유를 제거하고 곱게 빻은 것이 하얀 밀가루다. 그래서 내가 어렸을 적 식단과 비교하면, 우리 밥상은 비교할 수 없이 부드럽고 달달해졌다. 심지어 김치나 김치찌개나 고추장찌개 같은 얼큰하고 매콤한 음식에도 백설탕이 들어간다.

그렇게 식이섬유가 우리 식탁에서 없어지는 동안 또 다른 반대편, 특히 선진국인 미국과 영국에서는 식이섬유에 대한 재조명이 이루어지고 있었다. 한 학술지에서는 식이섬유가 건강에 좋은 점을 다음과 같이 요약해 놓았다.[4]

- 변의 양을 늘려서 대변을 더 잘 보게 한다.
- 콜레스테롤 수치를 낮춘다.
- 탄수화물의 흡수를 느리게 해서 당뇨를 예방한다.
- 혈압을 낮춘다.
- 음식의 장 통과시간(transit time)을 줄인다. (쉽게 소화되고 쉽게 배설되게 한다.)
- 대장에서 발효되어 단쇄지방산을 만든다.
- 장내 세균이 더 좋은 생태계를 만들도록 돕는다.
- 지방을 낮추고 체중조절에 도움이 된다.
- 포만감을 준다.
- 미네랄 흡수를 돕는다.
- 대장암 예방효과가 있다.

찬사 일색인 식이섬유에 대한 이런 서술을 보면, 산업화되면서 정제된 식품과 육류 위주로 바뀐 식습관이 다시 한 번 뒤집어져야 한다는 생각이 든다. 내가 어렸을 적만 해도 식이섬유의 중요성을 강조하는 말은 들을 수 없었다. 철이 바뀌고 명절이 되어야 우리는 기다리던 고깃국을 먹을 수 있었다. 그게 당시 우리에게는 필요한 보양식이었다. 실제로 육식은 채식에 비해 훨씬 효율이 높은 음식이다. 고기의 지방은 탄수화물에 비해 같은 양일 때 3배 넘는 에너지를 저장한다. 게다가 식이섬유의 탄수화물 에너지는 인간 같은 동물이 제대로 흡수하기가 어렵다. 대나무만 먹고 사는 판다가 하루 종일 먹어야 하는 이유가 여기에 있다.

식습관이 다시 한 번 바뀌어야 하는 것은 시대의 요구이기도 하다. 이 시대는 더 이상 먹는 것이 모자라지 않다. 편의점이나 제과점 등 달콤하고 맛있는 음식을 5분 내에 구할 수 있는 곳이 도처에 널렸다. 인류 역사에서 이런 경우는 한번도 없었다. 우리는 너무 많이 먹어서, 먹은 것을 싸지 못해 고통스러워하며 그 대가를 치르고 있다. 비만은 세계적인 전염병으로 등극했고 변비도 갈수록 늘어난다. 그러고 보니 요즘은 성인병이라는 말도 무색하다. 고혈압이나 당뇨 같은 '성인병'은 이제 어린 아이들에게도 급속히 늘어나는 추세다. 한때 전세계인의 입맛을 사로잡은 미국의 햄버거는 정크푸드가 되었다. 1970년대까지만 해도 서부 영화 속에서 멋진 말을 타고 서부를 개척하던 카우보이로 대표되던 미국인들의 이미지는, 이제 콜라와 햄버거를 손에 쥔 배불뚝이로 변해버렸다. 식이섬유는 이런 시대의 요구에 부응하며 재조명되어야 할 음식 성분이다.

버킷의 공로를 기리기 위해 1985년에 출간된 책

≪식이섬유 사람≫이라는 제목이 그의 공로를 대변하고 있다. 그의 노력으로 식이섬유가 배설되는 잔여물이나 쓰레기가 아니라 건강에 중요한 물질로 등극했다.

식이섬유에 대한 반전은 1970년대 데니스 버킷(Dennis Burkitt)이라는 탁월한 외과의사에 의해 시작되었다. 2차대전 중 영국 군의관으로 아프리카에서 참전했던 버킷은 20여 년 동안 우간다의 캄팔라에 머물며, 특히 그곳 아이들의 턱에 많이 생기는 림프종(lymphoma)을 연구하다 1964년에 영국으로 돌아왔다. 아프리카에서의 생활은 발달한 공업국의 식생활이 생소해 보이게 했을 것이고, 그것이 그에게 식이섬유가 건강에 미치는 이점을 포착하게 했을 것이다. 버킷은 1970년대부터 여러 학술논문이나 베스트셀러가 된 대중 서적을 통해 식이섬유가 주는 효과를 역설했고, 그것이 점차 받아들여지며 지금에 이르렀다.[5]

21세기 들어서 식이섬유를 비추는 조명은 더 강해지고 있는데, 이유는 다름 아닌 미생물학의 혁명에 있다. 미생물이 질병의 원인만이 아니라 우리 몸 건강을 지키는 중요한 요소로 승인되면서, 미생물이 가장 많이 살고 있는 대장과 장내 세균과 장내 세균의 건강한 먹이인 식이섬유에 대한 재조명이 이루어지고 있는 것이다. 위장과 소장을 거치면서도 소화되지 않은 식이섬유는 대장에 이르러서야 장내 세균의 발효활동으로 단쇄지방산이라는 것을 만든다. 단쇄지방산은 장 세포의 중요한 에너지원이고, 우리 몸 전체의 면역에도 이바지한다.

단쇄지방산 늘리기

단쇄지방산은 짧은 사슬 지방산(short chain fatty acid)이라고도 하는데, 이름과 달리 지방(fat) 혹은 지질(lipid)과는 거리가 멀다. 우리가 고기를 먹으면 고기 속 지방은 소화관을 거치며 지방산(fatty acid)과 모노글리세리드(monoglyceride)로 분해된다. 지방산은 화학구조를 보면 탄소를 중심으로 한 긴 사슬구조이고 이 사슬의 결합 속에 에너지를 보존한다. 우리 몸은 이 결합을 해체해 얻은 에너지로 살아간다. 사슬이 길기 때문에 많은 에너지를 보존할 수 있고, 그래서 지방 혹은 지질은 좋은 에너지 저장소가 된다.

이에 반해 단쇄지방산은 말 그대로 사슬고리가 짧은 지방산이다. 보통 지방의 해체를 통해 만들어지는 지방산이 수십 개의 사슬을 갖는 반면, 단쇄지방산은 6개 내외다. 또 이 짧은 사슬 지방산은 지방이 분해되면서 나오는 것이 아니다. 지방과는 전혀 상관없는, 오히려 반대편에 있다고 생각되는 과일, 채소, 곡물 등에서 온다. 좀 더 구체적으로 말하면, 우리가 먹는 음식에 포함되어 있는 식이섬유가 분해되면서 만들어진다.

우리가 밥이나 빵, 라면을 먹으면 쌀과 면을 만드는 탄수화물인 전분(starch)은 금방 해체된다. 몇 번 씹기만 해도 흐물흐물해지는 것을 금방 느낀다. 그리고 이런 것들은 위와 소장을 지나는 동안 더 잘게 해체되어 우리 몸에 흡수된다. 이에 반해 김치나 견과류, 과일 등에 포함되어 있는 질긴 탄수화물(셀루로오즈)은 아주 여러 번 씹어야 잘게 잘라진다. 그리고 이런 것들은 소장을 지나면서도 거의 소화되지 못하고 대장까지 도착한다. 그리고 이 가운데 일부는 대장의 미생물들에 의해 해체된다. 공기가 희박한, 말하자면 혐기성 환경인 대장에서 탄수화물을 해체하는 발효가 진행되는 것이다. (술과 빵을 만드는 발효의 과정이 실은 우리 몸속 대장에서도 늘 진행되고 있다.) 그렇게 입과 위와 소장을 지나는 동안에도 인간이 스스로 소화 · 흡수하지 못한 질긴 탄수화물을 대

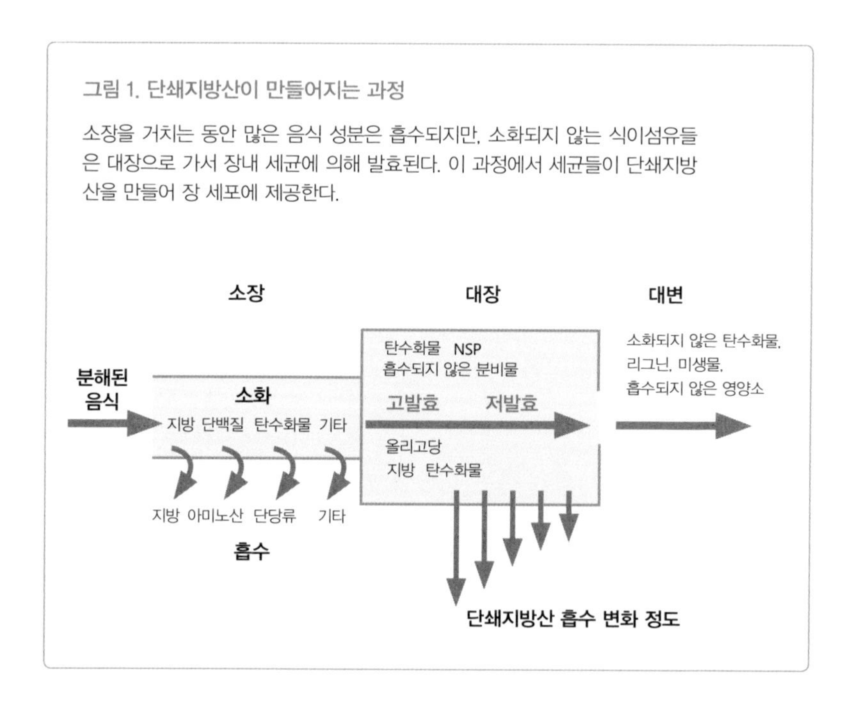

그림 1. 단쇄지방산이 만들어지는 과정

소장을 거치는 동안 많은 음식 성분은 흡수되지만, 소화되지 않는 식이섬유들은 대장으로 가서 장내 세균에 의해 발효된다. 이 과정에서 세균들이 단쇄지방산을 만들어 장 세포에 제공한다.

장의 미생물들이 발효시켜 만들어내는 물질이 바로 단쇄지방산이다(그림 1). 대장에서 만드는 단쇄지방산은 아세트산, 프로피오닉산, 부틸산 등의 3가지가 대표적이다.

단쇄지방산이 주목을 끌기 시작한 것은 1980년대부터인 것으로 보인다. 1987년 일군의 과학자들이 급사한 지 4시간이 채 지나지 않은 여섯 구의 사체를 해부해서 장과 혈액에서 단쇄지방산의 농도를 검출해보았다.[6] 소장에서는 단쇄지방산의 농도가 낮았다. 대장의 중간쯤에서 단쇄지방산의 농도가 대폭 증가했고, 항문으로 향하는 대장의 끝부분(Distal colon)에서 또 농도가 내려갔다(그림 2, 3). 이것은 두 가지 사실을 보여준

그림 2. 장의 각 부위별 단쇄지방산 총량

장에서 단쇄지방산의 농도는 부위마다 다르다. 소장에서는 농도가 낮다. 대장의 중간쯤으로 가면 대폭 증가하고, 항문으로 향하는 대장의 끝부분에서는 또 낮아진다. 이것은 단쇄지방산은 소장이 아닌 대장에서 주로 만들어지고 대장 세포에 의해 흡수된다는 것을 의미한다.

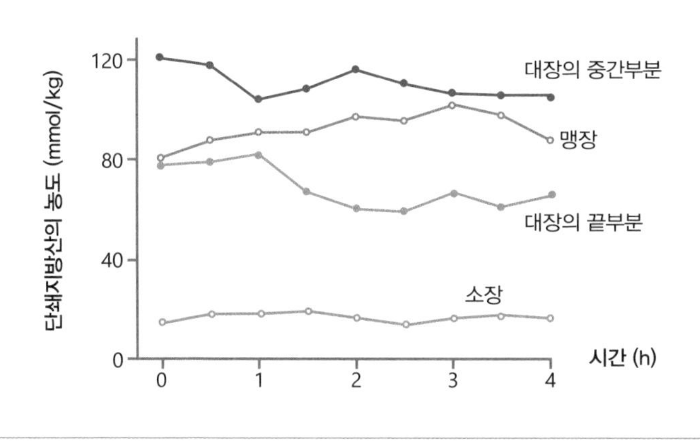

다. 첫째, 단쇄지방산은 소장이 아닌 대장에서 주로 만들어진다. 둘째, 단쇄지방산은 대장 세포에 의해 흡수된다.

또 이들은 장에서 간으로 가는 간문맥(portal), 간내부(Hepatic), 말단 혈관인 다리(phripheral)의 세 군데 혈관에서 혈액을 채취해서 단쇄지방산의 농도를 쟀다. 다음 페이지의 〈표 1〉은 그 결과를 보여주는 것이다.

비슷한 추이니 Case 1만 놓고 보자. 일단 장에서 간문맥을 통해 혈액으로 흡수되는 단쇄지방산 중 가장 많은 양은 아세트산(108)이다. 다음으로 프로피오닉산, 부틸산 순이다. 또 이들은 모두 간에서 상당 부분이 흡수된다(아세트산: 108 → 32). 또 간을 나가 우리 몸 곳곳을 돌면서 조

그림 3. 장의 각 부위별 산도

산도(pH)를 보아도 이 추론이 뒷받침된다. 위산에서 자유롭지 않은 소장의 입구(①)는 산도가 낮다. 그러다 소장의 중간쯤이나 끄트머리(②)에 이르면 위산으로부터 자유로워지면서 산도가 올라간다. 그러다 대장의 중간쯤으로 가면 단쇄지방산이 산도를 낮추고, 대장의 끝으로 가면 단쇄지방산이 흡수되어 내부의 산도는 다시 올라간다.

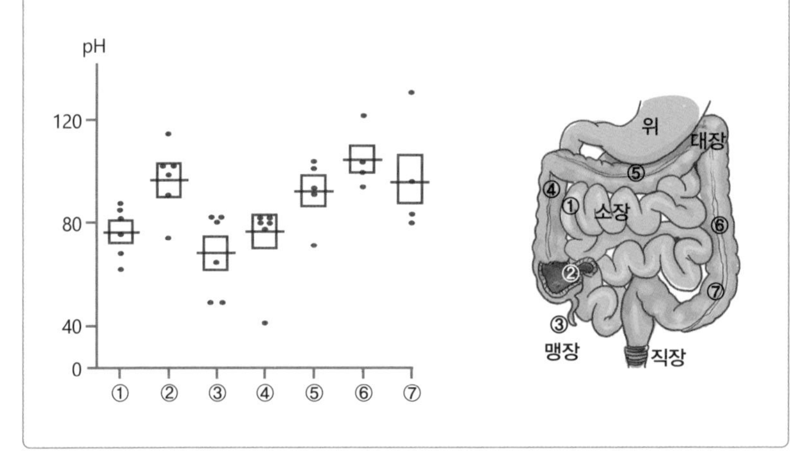

금 더 흡수된다(32 → 28).

이렇게 장 세포에 의해 흡수된 단쇄지방산은 어떤 역할을 할까? 일단 대장 세포(colonocyte)의 에너지원으로 쓰인다. 장 세포는 필요한 에너지의 60~70%를 단쇄지방산에서 얻는다고 알려져 있다.[7] 특히 장 세포는 세 종류의 단쇄지방산 가운데 부틸산을 좋아한다. 장 속에서 세 종류의 단쇄지방산의 농도 비율은 57 : 22 : 21이다. 그러다 간문맥에서의 비율은 71 : 21 : 8로 바뀐다(표 2). 프로피오닉산의 비율은 거의 변동이 없는 반면, 부틸산의 비율이 대폭 낮아졌다.

장 주변 모세혈관을 통해 혈관으로 흡수된 단쇄지방산은 간에서 콜레스테롤 합성을 조절한다. 당연히 심혈관 질환을 예방하는 효과도 기대

표 1. 간문맥과 간, 말단혈관의 단쇄지방산 농도

Case No.	간문맥			간 내부			말단혈관 (다리)		
	A	P	B	A	P	B	A	P	B
1	108	17	14	32	2	2	28	1	1
2	295	142	64	78	10	4	19	1	1
3	289	38	28	116	14	9	80	4	2
4	231	49	15	103	14	12	79	5	4
5	404	194	35	239	69	32	146	13	12
6	220	90	16	124	18	11	68	6	3
X	258	88	29	115	21	12	70	5	4

※ A = 아세트산, P = 프로피오닉산, B = 부틸산

장에서 소비되지 않고 흡수된 단쇄지방산은, 먼저 간으로 향하는 간문맥을 거쳐 간에서 일정 흡수되고, 간정맥을 빠져나가 우리 몸 곳곳으로 가서 쓰인다. 그래서 그 순서대로 단쇄지방산 농도가 낮아진다. 장에서 생성되는 단쇄지방산 중에서는 아세트산>프로피오닉산>부틸산 순으로 높다.

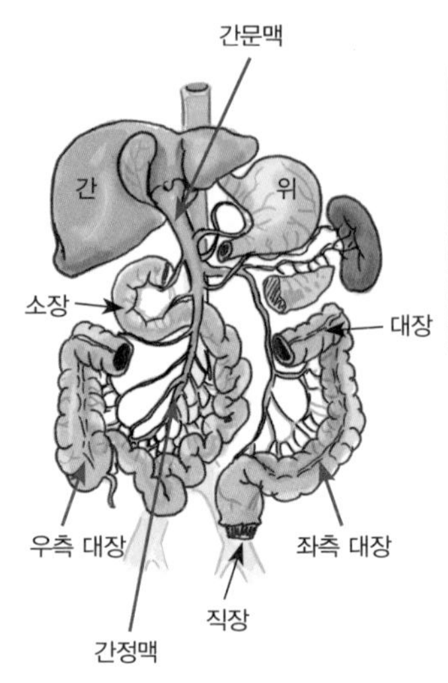

표 2. 대장, 간문맥, 말단정맥의 단쇄지방산 농도

	아세트산	프로피오닉산	부틸산
우측 대장	57 (2)	22 (2)	21 (2)
좌측 대장	57 (2)	21 (1)	22 (1)
간문맥	71 (4)	21 (4)	8(1)
간정맥	81 (2)	12 (2)	7 (1)
말단정맥	91 (1)	5 (2)	4 (1)

※ 아세트산+프로피오닉산+부틸산의 합의 % (±1 SEM)

세 가지 단쇄지방산의 상대적 비중으로 볼 때, 아세트산은 대장에서 간을 거쳐 몸 말단으로 가는 동안 점차 높아진다. 이는 아세트산이 장에서 장 세포에 의해 쓰이기보다는 몸 말단세포에까지 더 많이 전달된다는 얘기다. 반대로 부틸산은 장에서 말단으로 갈수록 상대비중이 떨어진다. 장 세포가 좋아한다는 얘기다.

된다. 또 장세포의 세포분열을 조절해 대장암의 예방에도 이바지한다.[8] 그뿐만이 아니다. 구강부터 항문까지 가는 소화관은 미생물의 밀집지역이고, 특히 굵고 길이가 1m가 넘는 대장은 장내 세균과 우리 몸 세포 간의 긴장과 평화가 집중적으로 이루어지는 곳이다. 장내의 조절T세포(regulatory T cell)가 이런 평화의 중요한 중재자인데, 장내에서 만들어진 단쇄지방산은 이런 평화중재자 조절T세포를 증가시켜 소화불량이나 장염을 막고 우리 속이 편한 환경을 만들어주기도 한다.[9]

식이섬유가 대장에서 발효과정을 거쳐 단쇄지방산으로 만들어지면 장 세포가 흡수한다는 사실은, 1970년대부터 관심이 커가던 식이섬유의 중요성을 한번 더 부각시키는 계기가 되었다. 2차대전 이후 세계의 강국으로 떠오르며 전세계 음식문화마저 스테이크와 햄버거로 바꾸어

놓던 미국인들 사이에서 그 전에는 별 관심이 없었던 식이섬유에 대한 관심이 높아졌다. 이런 변화를 이끈 것이 데니스 버킷(Dennis Burkitt)이 1970년에 발표한 논문을 통해 내놓은, 통곡물을 많이 먹은 아프리카 사람들이 대장암에 덜 걸린다는 결과였다.[10]

최근 들어 단쇄지방산에 대한 관심이 더욱 커진 것은 미생물 때문이다. 인간의 소화효소로는 소화하기 힘든 식이섬유를 발효시켜 단쇄지방산을 만드는 주역이 바로 장내 세균이라는 것이 알려졌기 때문이다. 또 역으로 단쇄지방산의 재료가 되는 식이섬유를 먹어줘야 그것으로 에너지를 만드는 장내 세균이 늘어난다. 발효음식을 만들고 발효유를 만드는 유산균들이 대표적으로 우리 장에서도 발효를 일으켜 단쇄지방산을 만드는 주역들이다.

그런 면에서 "내가 먹는 것이 나다(I am what I eat)"라는 말은 진실로 옳다. 내가 먹는 것은 나를 이루고 나의 한 부분인 미생물을 바꾼다. 결과적으로 통생명체인 나는 먹은 것으로 유지되고 바뀌어간다.

나는 얼마 전부터 현미밥을 먹기 시작했다. 그리고 변의 변화를 살피고 있다. 식이섬유을 다시 생각해보고 현미밥을 다시 찾게 되었으니, 우리 선조의 오래된 지혜에 다가간 듯하다. 이렇게 인류의 긴 진화와 현대의 과학문명이 만나는 그 어딘가에 건강백세에 이르는 포인트가 있지 않을까 싶다. 2500년 전 의성(醫聖) 히포크라테스가 했던 말, "음식이 약이 되게 하라!"는 말은 오늘날 더욱 필요한 경구다.

3. 운동, 현대판 불로초

운동과 활동적인 일상

우리가 일상생활을 보다 활동적으로 하는 것(physical acitivity)과 운동(physical exercise)은 다르다(표 1). 일상에서 나는 늘 여러 진료실을 '돌아다니며' 진료한다. 또 복도를 지날 때에는 잠깐이라도 팔과 다리를 스트레칭한다. 일상의 활동성을 높이려는 것이다. 나이가 들수록 이렇게 움직이며 손으로 할 수 있는 진료를 직업으로 둔 것이 건강백세에 유리하다는 생각도 하게 된다. 출퇴근할 때 대중교통을 이용하라는 권고도 모두 일상의 활동성을 높이자는 취지일 것이다.

이런 활동도 당연히 필요하다. 일상생활에서 좀더 움직이면 근육을 더 쓰고 에너지를 더 쓰게 된다. 결과적으로 몸의 대사활동을 원활히 한다. 늘 한곳에 머물며 몸보다는 기계와 컴퓨터로 일하는 현대인들에게 더욱 필요한 일이 아닐 수 없다. 농사를 지어 먹을 것을 구하고 나무를 베어 땔감을 구하던 우리 선대들에 비해 우리는 너무 움직이지 않는다.

그러나 이런 활동도 운동(physical exercise)이라고 부르지 않는다. 운동이란, 체력증진(fitness)이라는 특정 목적을 위해 특정 시간을 할애해 특정 부위의 활력을 높이는 행위이다. 운동은 본인 스스로 계획을 세워서 하기도 하고, 헬스클럽의 개인코치나 운동처방사의 도움을 받아 하기도 한다. 이런 운동은 과거 역사에도 있었기 때문에 현대의 산물만은 아니다. 그런데도 운동이 모든 특히 현대인들에게 권고되는 이유는, 수명과 만성병이 동시에 늘고 있는 오늘날의 역설적 상황 때문일 것이다.

운동이 건강한 노화에 보탬이 된다는 것은 말할 나위 없다. 수많은 과학자들도 운동과 건강한 노화의 구체적 연관을 찾기 위해 연구 중이다. 운동한다고 해서 인간 수명의 생물학적 한계(lifespan)를 넘거나 늙지 않을 수는 없지만, 건강수명(health span)을 늘리는 효과는 분명하다.[1, 2] 인명은 재천이지만, 사는 날까지 건강하게 사는 것은 우리의 운동 의지로 가능하다는 것이다.

표 1. 일상의 활동과 운동의 차이

일상의 활동성(physical acitivity)	운동(physical exercise)
일상에서 많이 움직임으로써, 근육을 사용하고 에너지를 소모하는 활동들	체력을 높이기 위해 특정 부위에 특정 시간과 특정 목표를 가지고 의도되고 계획되며 전문가에 의해 지도 처방되기도 하는 활동

운동은 몇 가지 기준으로 분류가 된다(표 2). 달리기 같은 유산소운동은 능동적으로 나를 움직이며 심폐기능을 높이고 지구력을 키운다. 이에 비해 헬스클럽에서 역기를 드는 것은 순간적으로 큰 에너지를 내는 무산소운동으로 근육의 저항력(muscle resistance)을 높인다. 또 유산소 운동이나 무산소 운동과는 별개로 구분되는 스트레칭 등의 탄력운동(flexibility)은 관절의 탄성과 동작 범위를 넓히고 근육을 유연하게 한다.

이렇게 구분해놓고 보면 운동은 주로 두 방향을 향한다. 근육과 심폐기능이다. 왜 그럴까? 크게 세 가지 이유로 보인다.

첫째, 생명과 바로 맞닿아 있다. 살려면 숨을 쉬고 피를 돌리고 움직여야 한다. 또 심근경색이 생기면 죽음은 우리 가까이 성큼 다가온다. 알다시피, 심혈관 질환은 암과 늘 사망원인 1, 2위를 다툰다.

표 2. 운동의 구분

산소사용 증가 여부	유산소	무산소
주로 미치는 영역	심폐	근육
힘의 지속과 방향	지구력(endurance)	저항성(resistance, strength)
정 또는 동	역동적(dynamic)	정적(static)
예	달리기, 사이클, 수영	근육 운동, 체조, 스트레칭

둘째, 우리 몸의 각 기관별로 살펴보면 노화가 시작되고 진행되는 정도가 모두 다른데, 그 중 특히 심폐 기능과 근육 기능 쇠퇴가 일찍 시작된다.[4] 그에 비해 소화 기능은 상대적으로 늦게까지 노화가 지연되고 기능의 쇠퇴 정도도 크지 않다.

셋째, 이게 가장 중요할 텐데, 이 두 영역이 운동을 통해 노화를 역전하거나 활력을 유지할 수 있다는 점이다. 생식 기능도 나이 들며 확실히 떨어지지만, 그렇다고 운동을 통해 예컨대 여성의 폐경을 늦추는 것은 한계가 있다. 그에 비해 산행을 처음 시작할 때와 지금, 북한산 백운대 즈음에서 내가 느끼는 헐떡거림은 다르다. 헐떡거림은 내 세포 속으로 산소를 빨리 들여오기 위해 호흡수가 느는 것인데, 운동효과 측정의 주요수단이다. 가파른 산길을 오르면서도 숨을 편안히 쉬는 것은 그만큼 나의 심폐 기능이 좋아졌음을 의미한다.

구체적으로 운동이 심혈관과 근육 그리고 폐에 어떤 영향을 미칠까? 기본적으로 나이가 들면 혈관은 딱딱해진다. 혈관 역시 주위를 미세한 근육이 감싸고 있는데, 이 근육이 나이가 들수록 탄력이 떨어지는 것이다. 그래서 혈압이 올라가고 수축혈압과 이완혈압의 차이가 커진다. 심장의 펌프질을 혈관이 탄력 있게 받아내지 못하는 것이다. 운동은 혈관을 둘러싸고 있는 근육세포의 세포분열이 더 원활하게 일어나게 해줘서 혈관의 탄성을 유지하게 하고 결과적으로 혈압을 떨어뜨린다.[5] 또 체중을 줄이고, 혈중 콜레스테롤을 낮추고, 세포의 인슐린 민감성을 증가시키는 것도 간접적으로 건강한 혈관에 보탬이 될 것이다.[6]

숨을 들이쉬면 가슴 부위가 팽창되고 내뱉으면 원래 크기로 돌아오는 폐 역시 탄성이 필요하다. 폐 조직의 탄성이 떨어지면, 들이쉴 때와 내뱉을 때의 폐 용량 차이가 크지 않아 호흡 능력이 떨어진다. 구체적으로 70대 이상에서는 10년마다 20% 정도씩 그 능력이 떨어진다는 통계가 있다. 달리기는 근육이 필요로 하는 에너지를 생산하기 위해 산소를 더 요구하고, 그러면 호흡은 보통의 분당 15회 내외에서 50회 이상으로 늘 수 있고, 공기의 흡입양도 분당 12리터 정도에서 100리터까지 늘어간다.[7] 그만큼 우리 폐는 탄성을 유지할 수 있을 것이다.

나이 들며 근육이 위축되는 것도 우리가 늘 경험하는 일이다. 노인들은 근육이 떨어지는 한편 배에 지방 세포가 늘어나 배가 더욱 볼록해 보인다. 근육위축증은 건강노화의 가장 큰 경계대상이기도 하다. 운동이, 특히 근육운동이 근육위축증을 방어할 수 있음은 두말할 나위 없다.[8] 나 역시 40대 후반부터 해온 규칙적인 헬스클럽 운동과 산행 덕에 가슴이 넓어지고, 허벅지가 커지고, 굵은 종아리를 얻었다는 것을 기쁘게 생각한다.

운동이 주로 심폐기능과 근육을 향한다고 해서, 그 효과가 여기에 멈추는 것은 당연히 아니다. 운동은 우리 몸 모든 기관과 모든 세포에서 일어나는 노화의 징후를 늦춘다.[9] 이 정도면 운동은 소식(小食, calorie restriction)과 더불어 젊음의 샘(fountain of youth)이고 불로초라 할 수 있다.[10]

운동하면 미생물도 바뀐다.

평소 운동을 하지 않던 사람들 46명에게 6주 동안 주 3회 달리기나 자전거 타기 운동을 시켰다.[11] 운동의 강도는 중강도로 숨이 찰 정도였다. 그리고 6주 후에는 다시 평소 습관대로 운동하지 않고 지내게 했다. 먹는 것의 변화는 주지 않았다. 그리고 평소 뚱뚱한 사람과 마른 사람을 구분하여, 운동하기 전과 6주 운동 후, 그리고 다시 운동하지 않고 6주가 지났을 때, 이렇게 세 차례에 걸쳐 체성분 검사와 함께 대변을 통한 미생물 검사, 단쇄지방산 정도를 검사했다. 결과가 어땠을까?

6주 운동한 후에는 뚱뚱한 사람이든 마른 사람이든 모두 체지방이 떨어지고 골밀도도 좋아지고 최대 산소섭취량(VO2max)도 증가했다. 하지만 운동을 멈추고 다시 6주가 지나자 거의 모든 것이 제자리로 돌아갔다. 운동은 꾸준히 해야 한다는 당연한 얘기를 수치로 보여준 것이다.

장 미생물은 어떤 변화를 보였을까? 실험 참가자들의 대변을 채취해 뚱뚱한 사람과 마른 사람들을 구분해 장 미생물로 보았더니, 운동시작 전에는 뚱뚱한 사람과 마른 체형의 장 미생물이 많이 달랐다. 하지만 6주 동안 운동한 후에는 두 그룹의 장 미생물이 그 전에 비해 상대적으로 비슷해졌고, 운동을 멈추고 6주가 지난 다음에는 운동을 시작하기 전만큼은 아니지만 운동을 할 때보다는 더 차이가 났다.

장내 미생물이 만드는 단쇄지방산의 경우는 6주 운동 후 마른 체형의 사람들에게서는 많이 증가했지만, 뚱뚱한 사람들은 증가량이 많지 않았다. 운동을 멈추고 6주가 지난 후에는 모두 단쇄지방산의 양이 떨어졌지만, 마른 체형의 사람들이 여전히 더 높은 단쇄지방산을 가지고 있었다. 평소 체중관리를 해야 운동을 통한 장내 세균의 변화를 더 크게 할 수 있고, 그로 인한 장내 단쇄지방산을 증가시킬 수 있다는 얘기다.

이 외에도 운동이 장내 미생물에 미치는 영향은 많다. 예를 들어 운동하는 동안 장내 미생물이 우리 몸 세포의 에너지 생산소인 미토콘드리아와 상호 교통하며 에너지 생산이나 활성산소 제거, 그리고 면역기능을 돕는다는 연구도 있다.[12] 생각해 보면, 이것은 당연한 일이다. 운동을 하면 우리 몸 전체에 생리적 변화가 생긴다. 그런 변화는 우리 몸 속 미생물에게는 거대한 환경의 변화로 작용할 것이다. 지구 환경의 변화가 생태계에 커다란 영향을 주듯이, 우리 몸의 변화는 우리 몸에 사는 미생물의 생태계에 커다란 영향을 준다는 것이다. 그러고 보면 우리는 그 자체로 통생명체이고 생태계이며 우주다.

산행과 피트니스

나는 어렸을 적부터 운동을 좋아하지도 잘하지도 못했다. 지금도 두어 달에 한번씩 만나 그 시절로 돌아간 듯 낄낄대며 노는 고등학교 친구들이 있는데, 체력 좋고 운동도 잘한 그 친구들과 나는 상대가 되지 않았다. 그러다 30대 후반부터 몸을 돌봐야겠다고 생각하고 운동을 시작했다. 40대 때는 조기축구, 수영, 달리기, 골프, 테니스, 배드민턴, 심지어 스킨스쿠버까지 참 다양한 운동을 시도했다. 그러다 50대 들어서는 딱 두 가지만 한다. 산행과 피트니스이다. 산행은 주말과 진료가 없는 날 하는데, 주 4일을 진료하니 대개 한 주에 세 번은 산행을 한다. 또 한 번에 30~40분 정도의 피트니스를 주 3회 이상 한다. 40대 후반까지 붙잡고 있던 골프를 그만둔 이후, 특별히 의도한 건 아니지만 그렇게 두 종류의 운동으로 수렴되었다.

이후 노화에 대한 자료들을 보니 산행과 피트니스는 나이를 먹으면서 하면 좋은 운동의 요소를 고루 갖추고 있었다. 세계적으로 많은 기관에서 노화에 대한 연구를 하고 있는데, 그 중 대표적인 곳은 역시 미국 국립노화연구소(NIA, National Institute on Aging)이다. NIA는 크게 4가지 요소의 운동을 추천한다(표 3).

건강한 노화에 필요한 운동은 〈표 3〉에서 보다시피 매우 상식적이고 우리 가까이 있다. 나이가 들면 심폐기능이 떨어지고 근육이 줄어든다. 또 넘어지면 큰일이고, 늘 움직일 수 있어야 삶의 질이 유지된다. 그래서 그에 필요한 운동을 미리미리 하라는 권고인데, 실은 이것은 노령화 사회에 접어든 우리 사회에서 이미 빠르게 보편화되고 있는 운동이기도

표 3. 건강한 노화를 위한 운동

필요 요소	이유	운동 종류
지구력(Endurance)	심폐기능 유지	걷기, 달리기, 산행
근력(Strength)	근력유지	피트니스
균형감각(Balance)	낙상방지	한발로 서기, 발끝으로 걷기
유연성(Flexibility)	잘 움직이기	스트레칭, 요가

하다. 달리기나 걷기는 공원 길에서 늘 보이는 운동이고, 산행은 우리나라 사람들의 취미활동으로 1, 2위를 오간다. 또 동네마다 피트니스 센터가 늘고 있고, 거기서 여러 근력 운동을 하는 것도 근력과 균형감각, 유연성을 챙기려는 노령화 사회의 한 단면이기도 하다. 4가지 요소를 고려하여 각자 자신에게 맞는 운동을 택하면 될 것 같다.

현대인에게 운동은 반드시 필요하다. 평소 우리가 느끼는 바와 같이 현대 사회는 우리를 너무 긴 시간 컴퓨터 앞에 묶어 둔다. 책상 앞 의자와 운전대에 앉아 컴퓨터와 스마트폰으로 모든 업무를 보는 라이프스타일은 우리나라의 경우 길게 잡아도 30년도 안 된 극히 최근의 일이다. 우리의 할아버지나 아버지 세대는 훨씬 더 많이 몸을 움직이며 일을 했다. 하지만 지금은 농사를 지어도 트랙터가 대신 그 일을 한다. 그만큼 현대인들은 덜 움직이고, 덜 움직이는 만큼 몸의 힘은 떨어진다. 지금의 내가 아무리 운동을 한다 해도 늘 나무를 해오시던 내 나이대의 할아버지와 팔씨름을 한다면 아마도 1초를 버티기도 힘들 것이다.

나에게 산행과 피트니스는 서로 보완적이다. 우선, 피트니스는 대개가 그런 것처럼 세 부분을 주로 신경 쓰며 한다. 어깨, 허리, 그리고 다리다. 어깨와 목을 숙여 입안을 들여다보는 직업이라 어깨를 풀어주고 펴는 것이 나에겐 매우 중요하다. 같은 이유로 허리 운동도 많이 하는데, 허리와 어깨가 삐끗해 자주 아프던 것이 피트니스를 한 이후로 없어졌다. 또 더 나이 들어서도 잘 움직이기 위해 엉덩이와 다리 근육을 유지하기 위해 신경 쓴다.

배와 허리 그리고 엉덩이 근육은 우리 몸 중앙에서 골반과 고관절을

그림 1. 코어근육

우리 몸의 중앙에서 골반과 고관절을 받치고 있는 근육들, 우리 몸의 가장 큰 근육인 엉덩이 근육을 아울러 코어근육이라고 한다. 코어근육이 강화되면 몸의 자세를 반듯하게 하고 균형을 유지하여 낙상으로 다치는 일을 줄이고, 또 넘어진다고 해도 골절이나 근육 손상까지 가는 일도 줄일 수 있다.

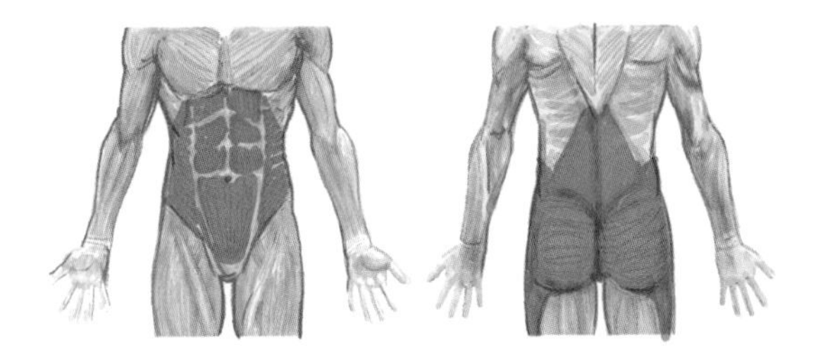

받치고 있어 나이 들수록 더욱 중요해진다. 나이가 들면 근육이 위축되면서 몸의 자세나 균형을 유지하는 데 어려움이 생길 수 있고, 그러면 넘어지거나 발을 헛딛는 등의 작은 실수로도 골절을 입을 수 있다. 우리 어머니도 얼마 전에 넘어져 척추에 압박골절이 와서 치료중이다. 배와 허리, 엉덩이 근육을 코어근육(core muscle)이라고 하는데(그림 1), 이것이 강화되면 몸의 자세가 반듯해지고 균형을 유지하여 낙상으로 다치는 일을 줄일 수 있다. 또 넘어진다 해도 골절이나 근육 손상까지 가는 일도 줄어든다.[13] 실제로 평균 75세의 노인들에게 8주에 걸쳐 이 부위 근육을 강화하는 운동을 하게 했더니, 몸의 안정성이 높아지더란 보고가 있다.[14] 심지어 이 근육의 크기가 작으면 암수술 후에 생존율이 더 낮아진다는 연구도 보인다.[15]

그럼 어떻게 코어근육을 강화할까? 도구 없이 할 수 있는 것으로 플

코어근육을 강화하는 대표적인 운동
플랭크(왼쪽)와
응용 동작(오른쪽)

랭크 동작(Plank Exercise)이 가장 널리 알려져 있다. 어깨와 엉덩이가 바닥과 평형을 이루게 하면서 엎드린 자세로 발끝과 구부린 팔로 온몸을 지탱하는 동작을 1분 동안 하고 30초간 쉬기를 반복하는 것이다. 그러나 운동 방법이 한 가지 일 리 없고 각자 자기에게 맞는 게 있을 것이다. 코어근육이 강화되기만 한다면 어떤 것이든 좋다.

산행은 기본적으로 심폐기능과 다리 근육을 챙기는 것이다. 당뇨 가족력이 있는 나에게 근육이 있어야 당뇨가 안 생긴다는 보고[16]도 솔깃하다. 근육에 여분의 당을 저장해야 핏속에 당이 덜 머문다는 것이다. 근육들 중 가장 큰 엉덩이 근육은 달리기를 즐기던 40대에 비해 확실히 더 커졌다. 또 〈나는 자연인이다〉라는 텔레비전 프로그램에서 보는 것처럼 산에서 많은 힐링과 치유가 일어나는 것도 산행을 좋아하게 되는 데 영향을 미쳤을 것이다. 게다가 산행은 에너지 소모가 많아 체중 유지에도 좋다. 한 조사에 의하면, 같은 거리를 각각 산행, 걷기, 달리기를 했을 때, 산행이 걷기나 달리기보다 두 배 가까이 많은 에너지를 소모한다.[17] 물론 산의 기울기에 따라 다르겠지만, 어쨌든 산은 달리기와 걷기에서 중력을 이기고 올라가는 에너지가 추가되지 않을 수 없다.

산행은 좋은 사람들과 함께 해도 재미있지만, 혼자 해도 좋다. 나는 주로 혼자 산에 가는데, 호젓한 느낌이 참 좋다. 일상에서 우리는 늘 다른 사람과 마주해야 하고 또 그렇게 협업해야 하지만, 스스로를 돌아보고 자신과 마주할 시간이 필요한데, 그러려면 혼자만의 시간이 꼭 필요하다. 혼자 긴 산행을 마치면 복잡했던 머리속이 마치 차곡차곡 정돈된 듯한 느낌이 들고 심각했던 문제가 가볍게 느껴지는 경험을 하게 된다. 일상과 떨어져 있는 시간 동안 생각이 생각을 물고 가는 흐름을 끊어 주기 때문일 것이고, 나무 사이에서 흙을 밟으며 천천히 걷는 시간이 흩어진 마음을 정돈한다는 구방심(求放心)의 시간이 되기 때문일 것이다.

비슷한 느낌을 서양에서는 바이오필리아(biophilia)라는 말로 표현한다.[18] 바이오필리아란, 말 그대로 생명을 의미하는 bio와 사랑을 의미하는 philia를 합한 말이다. 생명사랑 혹은 자연사랑이라 옮기면 될 듯하다. 인간은 본성적으로 동물이나 다른 식물들을 사랑하는 마음이 있다는 것이다. 동물이 다치면 안타까워하고, 반려동물을 키우고, 반려식물을 보호하는 인간의 감정을 포착한 것일 게다. 또 자연과 멀어진 현대인의 삶에 대한 반성도 담겨 있고, 자연을 가까이함으로써 육체적 정신적 건강을 챙기자는 바람도 들어 있다.

그런 의미에서 산행은 여러 운동 중에서 특히 생명 안으로 들어가 바이오필리아를 느끼고 유유자적하게 구방심의 맛을 보고, 자기 마음과 몸을 통합(integration)시켜가는 운동이 아닐까 한다. 최소한 나에게 산행은 그런 느낌의 경험이라, 육체적 정신적으로 건강한 백세를 대비하는 운동으로 추천하고 싶다. 40대까지만 해도 산행과 피트니스의 재미와 맛을 거의 몰랐는데, 갈수록 두 운동이 재미있고 그로 인해 일상이 평안해지고 있어 참 다행스럽다.

4. 뇌도 근육처럼

뇌도 운동하면 바뀐다

수녀들을 대상으로 치매에 대한 연구가 진행되었다. 미국 노화연구소와 미네소타 대학이 노트르담 수녀원에서 지내는 75세부터 106세의 678명의 수녀들을 대상으로 1986년부터 시작해 지금까지도 추적 관찰하고 있다. 이를 바탕으로 한 여러 논문들이 계속 발표되고 있는데, 같은 조건에서 사는 사람들이라 여러 변수를 통제할 수 있어서 귀중한 자료로 여겨진다.

1997년에 이를 관찰한 첫 연구가 발표되었다. 그때까지 치매를 앓다가 사망한 수녀들의 뇌를 해부해 보니, 뇌혈관의 경색 부위가 많이 보였다.[1] 물론 치매를 앓지 않다가 사망한 수녀들 중에서도 뇌경색이 관찰되긴 했지만, 치매를 앓다가 사망한 수녀들에 비하면 그 빈도는 훨씬 적었

104살의 맬시아(Malthia) 수녀님

뜨개질을 좋아했던 그녀는 치매와는 거리가 멀었다. 105세 생일을 몇 주 앞둔 어느 날, 다른 수녀에게 자신이 죽어가고 있다고 친척들에게 알려 달라고 부탁했다. 45분 후, 영성체까지 마친 다음 그녀는 사망했다.[2]

다. 말하자면, 치매가 뇌혈관의 물리적 변화 때문일 가능성이 크다는 것이다. 그 전까지 뇌의 물리적 변화가 아닌 '정신'만의 문제로 이해했던 치매에 대해 물리적 이유가 있다는 것이 처음 보고된 것이다. 이 연구 이후로 치매라는 정신적 문제와 뇌라는 물리적 실체의 관련에 대한 연구가 급물살을 탔다.

그런데 수녀연구는 뇌의 물리적 변성 정도와 치매의 정도가 꼭 일치하지만은 않는다는 것도 보여준다. 비슷한 정도로 뇌가 위축되어 있거나 경색이 있는 경우에도 실제 뇌의 여러 기능이나 건강, 생존 등에는 차이가 컸다. 스스로 쓰게 한 자서전을 훨씬 더 다양한 언어와 문장을 구사해서 긍정적으로 쓴 사람이 훨씬 더 오랫동안 인지기능을 잘 유지하고 오래 살았다.[5] 또 교육 수준이 상대적으로 높은 수녀들이 더 오래 살고 더 오랫동안 신체기능을 유지한다.[6] 정신만이 아니라 육체적으로 건강하게 나이든 사람들은 스스로도 건강하다고 생각하고, 스스로도 건강하다고 생각하는 사람들이 더 건강하게 오래 산다.[7] 사람들의 주관적 정신이 뇌의 물리적 장애에 어느 정도의 저항성을 가질 수 있다는 의미이다. 이후 학자들은 이 현상에 인지기능보존능력(cognitive reserve)이라는 말을 붙였다. 나는 이 말이 참 마음에 든다. 나의 주관적 노력과 상상과 느낌이 얼마나 중요한지를 보여주는 말이다.

또 육체적 운동을 하면 뇌도 좋아진다. 뇌도 일종의 근육이니 운동하라는 권유까지 있을 정도다. 이를 위해 위키피디아는 아예 운동의 신경

그림 1. 수도사와 수녀, 그리고 일반인의 생존곡선

보통 사람들에 비해 수녀와 수도사들의 평균수명은 더 길다. 50대부터 90대까지의 벨기에 인들을 상대로, 종교인들과 일반인들의 생존곡선을 15년간 비교해보았다. 수녀는 평균 여성들에 비해, 수도사는 평균 남성들에 비해, 훨씬 더 위쪽에 있다. 더 오래 산다는 얘기다.[3]

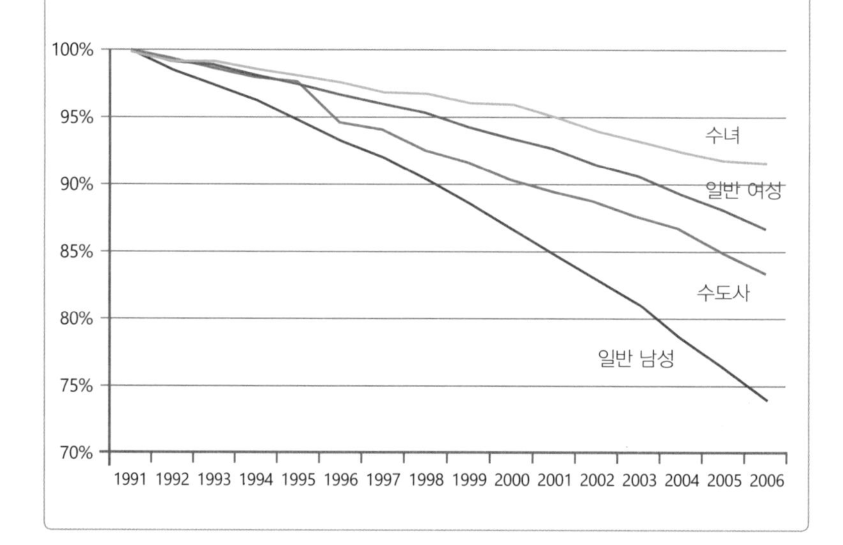

학적 효과에 대해 따로 기사(article)까지 만들어 제공한다.[8] 운동이 뇌에 좋은 여러 이유가 있을 것이다. 예를 들어, 근육에서 만드는 호르몬류의 의미로 마이오카인(myokine) 같은 것이 뇌에 긍정적 피드백을 준다는 것이다.[9] 이것은 뇌도 일정 정도 내 맘대로 성형이 가능하다는 의미다. 학자들은 이를 뇌가소성(Brain plasticity)이라는 말로 표현하는데, 이 말 역시 내가 좋아하는 말이 되었다.

그래서 우리는 늘 운동하고 공부해야 한다. 공부는 이 세계에 대해 자기 나름의 시선을 가지고 내 내부와 외부가 만나게 하는 순간이고 과정이다. 특히 지금의 중년들은 공부하지 않으면 20세기에 교육받은 내용으로 21세기를 살아가는 셈이다. 늘 새롭게 공부해야 한다.

그림 2. 택시기사와 버스기사의 뇌 비교 사진

늘 정해진 길을 운전하는 버스기사와 지리를 모두 기억해야 하는 택시기사의 뇌를 비교했더니, 택시기사의 뇌 상태가 훨씬 좋았다.[4]

택시기사 > 버스기사

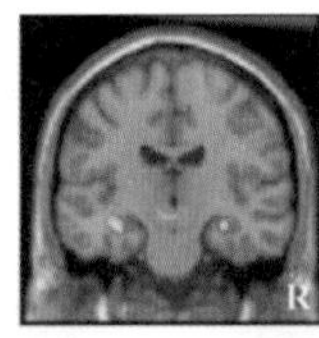

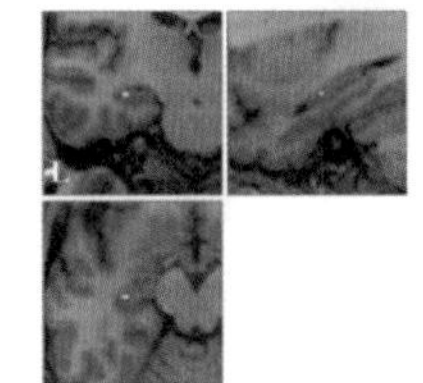

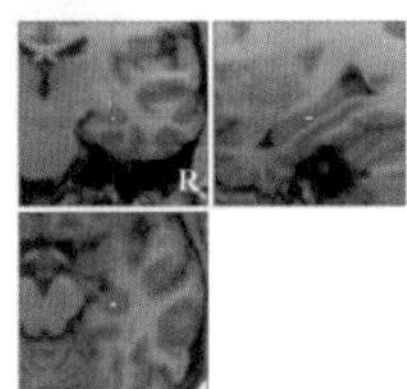

뇌에 영향을 주는 것으로 장도 주목받고 있다. 뇌와 장이 서로 긴밀히 연결되어 있다는 생각은 꽤 오래 전부터 있어 왔다. 이것을 뇌장축(brain gut axis) 혹은 장뇌축(gut brain axis)이라고도 부르는데, 대표적으로 1897년에 발표되었고 과학책에 늘 등장하는 파블로프의 실험이다. 개에게 음식을 줄 때마다 종을 울렸더니 나중엔 종소리만 들으면 침을 흘리더라는 실험이다. '이제 음식이 올 것'이라는 뇌의 신호가 침을 흘리게 하는 것이니, 뇌가 침샘에 신호를 주었다는 것이다. 실제로 우리 몸도 신맛 나는 음식을 생각하면 침이 나오고, 맛있는 것을 상상하면 위와 장에서 소화효소를 미리 분비해 소화시킬 준비를 한다.

21세기 들어 뇌장축 이론 역시 미생물학의 혁명으로 인해 전환기를 맞고 있다. 그 전까지는 몰랐던 다양한 장내 세균이 뇌의 기능에도 영향을 미친다는 사실이 밝혀지고 있는 것이다. 2004년 발표된 쥐실험은 이것을 잘 보여준다. 무균쥐가 보통의 쥐보다 동일한 스트레스에도 더 심하게 반응한다는 것이다.[10] 더 재미있는 연구도 있다.[11] 쥐를 성격에 따라 두 무리로 나눈다. 한 무리는 조용하고 행동이 조심스러운 반면, 다른 한 무리는 호기심이 많아 여기저기 부산스럽게 돌아다닌다. 이 두 무리 쥐들의 장에서 미생물을 채취한 다음, 항생제로 장 안의 세균들을 모두 없앴다. 그리고 용감한 무리에는 소심한 쥐에서 채취한 장 미생물을 주입하고, 소심한 무리에는 용감한 쥐의 장 미생물을 주입했다. 그랬더니 놀라운 일이 벌어졌다. 쥐들의 행동이 정반대로 바뀐 것이다. 소심했던 쥐들의 행동은 과감해졌고, 용감했던 쥐들은 조심스럽게 행동했다. 장 미생물이 쥐의 행동, 정확히는 뇌의 작용에 영향을 미친 것이다.[12]

그래서 최근에는 뇌와 장의 순서가 바뀌고 있는 추세다. 뇌가 장에 영향을 미친다는 뇌장축에서 장이 뇌에 영향을 미친다는 장뇌축으로. 뇌가 장에 영향을 미친다는 것은 실은 별로 특별한 것은 아닐 수 있다. 우리 몸은 전체가 뇌의 지배를 받기 때문이다. 하지만 역으로 장이 뇌에 영향을 미친다는 것은 좀 특별해 보인다.

그런 면에서 어제 뭔가 평정하지 못했던 나의 마음은 변을 내보내지 못한 내 장의 상태에 영향을 받았을 가능성이 있다. 최근 들어 급증하고 있는 자폐증이나 행동증후군과 같은 경우에도 먹는 것을 한번 체크해볼 필요가 있다. 식품첨가물이 많이 들어간 인스턴트 음식들이 장 미생물의 조성에 영향을 주고, 그것이 뇌의 기능에도 영향을 주었을 가능성을 배제할 수 없다. 실제로 자폐증을 우리 몸에 좋은 미생물인 프로바이오틱스로 치료해 보려는 시도도 있다. 이런 프로바이오틱스를 사이코바이오틱스라고 부르기도 한다.[13]

하지만 한번 더 생각해 보면 뇌장축이든 장뇌축이든 별로 특별한 것이 아닐 수도 있다. 통생명체인 우리 몸은 그 자체로 하나의 완결된 유기체이다. 유기체란, 그것을 구성하는 모든 구성성분들이 하나로, 유기적으로 움직이고 생존한다는 뜻이다. 뇌든, 장이든, 면역기능이든, 손과 발이든, 모든 부위가 하나로 움직이고 서로 영향을 미친다. 내가 먹고 움직이고 진료하고 노는 모든 것, 몸으로 하는 모든 것이 뇌에 영향을 준다.

이 장에서는, 현대적 지식을 선도하는 서구의 환원주의, 또 그에 입각해서 이 세계와 내 몸을 분해해서만 보려는 현대 과학, 의학, 산업의 짧은 시선에 대한 아쉬움을 몇 가지 예를 들어 적었다. 그런 시선이 현대 과학 문명을 만드는 데 크게 일조한 것이 사실이지만, 그런 분석적 접근만으로는 38억 년이라는 기나긴 시간동안 진화해온 생명의 세계를 온전히 바라볼 수 없다. 나는 내 미생물과 긴 시간 동안 공진화해왔고 지금 이 순간도 공존하고 있다는 통생명체적 인식이, 그런 환원주의를 넘어 설 수 있는 하나의 모멘트로 작용할 수 있으면 좋겠다.

4장

통생명체,
긴 시선으로 바라보기

1. 환원주의 유감

며칠 전 임플란트를 심은 분이 통증과 불편을 호소했다. 간단한 시술이었지만, 환자가 아파하고 불편하다고 하니 엑스레이를 찍어보고 입안을 살펴보았다. 별 이상이 보이지 않았다. 난감했다. 환자는 불편하다는데, 나는 집히는 게 없다. 이럴 때 나는 뭐라고 해야 할까? 다음처럼 말하는 게 맞다고 생각하고, 늘 이렇게 얘기하려 한다. "제가 아는 한 이상이 안 보여요. 엑스레이로도 나타나지 않고요. 그래서 잘 모르겠습니다. 조금 더 기다려 보았으면 좋겠습니다. 원인을 모르는 상태에서 처치를 할 수는 없으니까요."

이 경우 어떤 치과의사가 "전혀 문제없어요"라고 말한다면 어떨까? 내가 보기에 그 치과의사는 자신이 알고 있는 진단기법의 결과를 사실로 바꾼 것이다. 여기서 사실은 환자가 불편하다는 것이다. 다만 엑스레이를 포함한 치과의 진단기법이 그것을 객관적인 형상이나 수치로 표현하지 못하는 것뿐이다. 엑스레이는 세포도 보여주지 않고, 더욱이 그 속의 분자적 정보도 보여주지 못한다. 현재의 잇몸이나 구강의 상태를 극히 일부만 보여줄 뿐이다. 이럴 땐 스스로 모름을 인정하는 것이 과학시대에 맞는 태도일 것이다.

건강검진을 할 때 받는 혈액검사에서 나는 대부분 정상범위 안이지만, 딱 하나 정상범위를 벗어나는 게 있다. 흔히 '안 좋은 지방'이라고 부르는 LDL(Low Density Lipoprotein)이다. 나는 이 수치가 높은 걸 이해하기 어렵다. 채식 위주의 식생활과 규칙적인 운동을 하는 생활습관으로 LDL이 높은 것은 설명이 안 되기 때문이다. 실제로 LDL이나 좋은 지방이라는 HDL 같은 것들이 우리 몸에 어떤 영향을 미치는지는 많은 논란이 있다.[1] LDL이 동맥경화를 유발할 수 있다는 것은 처음부터 하나의 가설(Hypothesis)이었고, 그 가설은 폐기될 가능성이 크다.

내 건강검진표를 본 내과의사가 콜레스테롤은 낮추어야 한다며 저 유명한 약, 스타틴을 권하면 나는 정중하게 거절할 것이다. 스타틴은 간에서 콜레스테롤 합성을 방해하는 약인데, 정상적인 생리작용을 방해하는 것이어서 늘 부작용이 따라다닌다.[2] 최소한 나는 약간 높은 LDL 수치 때문에 혹 내 혈관이 막힐까 하는 걱정보다 스타틴이 내 간을 망칠지도 모른다는 두려움이 더 크다. 다행히 내 주치의는 스타틴을 권하지 않았다. 내 식생활과 생활습관을 고려하면 LDL만 유독 정상범위를 벗어나는 이유를 알 수 없다고 말했을 뿐이다.

유발 하라리의 책, ≪21세기를 위한 21가지 제언≫에는 이런 대목이 나온다. 뇌과학의 발달과 함께 뇌의 특정부위의 역할에 대해서는 많이 규명되어가고 있지만, 그것과 나의 주관적 마음의 상태를 아는 것은 전혀 다른 문제라고. '객관적'으로 영상으로까지 보여주는 뇌과학의 여러 연구는 뇌의 기능을 간접적으로 경험하게 해줄지는 몰라도, '주관적'인 나의 마음상태는 오직 나만이 알고 경험할 수 있다는 것이다. 당연하고 맞는 말이다. 지금 이 순간 우리 모두가 경험하는 바이다.

이 대목을 읽으며 나는 몸도 똑같다고 생각했다. 몸의 상태를, 혈액검사나 엑스레이나 MRI 등의 진단도구를 통해서 상당부분 '객관적'인 수치로 표현할 수는 있다. 그래서 많은 의사들이 객관적 수치나 영상으로 환자의 몸을 설명하려 하고, 심지어 환자의 몸이 아닌 모니터만 보고 약을 처방하기도 한다. 그런데 그것이 나의 몸 전체나 건강 상태를 정말로 표현할 수 있을까? 건강 장수의 표상인 100세인들을 대상으로 연구해보니, 평균 5개의 '객관적'인 질병이 있는 것으로 진단되었다. 하지만 100세인들은 자신이 건강하다고 생각하고 있었고, 인생을 기쁘게 즐기고 있었으며, 많은 사람들이 육체적 · 정신적 기능이 온전하게 유지되고 있었다.[3] '객관적'인 질병과 스스로 느끼는 건강, 이 둘 가운데 나는 당연히 후자가 더 사실에 가깝다고 생각한다.

현대 의료의 시선은 상당히 짧다. 예를 들어, 한때 자꾸 편도가 부어 힘들어 하는 아이들이나 입으로 숨을 쉬는 구호흡(口呼吸, mouth breathing) 때문에 입이 튀어나올 것이 걱정되는 아이들에게 소아과나 치과에서 편도절제술을 권했다. 이런 시술이 유행처럼 지나가고 난 다음, 120만 명 정도를 40년 정도 관찰해보니, 어렸을 적 편도를 자른 사람들이 감기에 3배 정도 더 잘 걸리고, 기관지염을 포함한 감염성 질환과 알레르기 등을 더 잘 걸렸다.[4] 이것은 조금만 길게 생각해 봐도 지극히 당연한 결과다. 목과 코 뒤쪽의 편도는 코와 입을 통해 들어오는 미생물을 1차적으로 방어하는 면역기관으로, 이를테면 우리 몸의 헌병이라고 할 수 있다. 그런 편도가 부었다는 것은 그곳에서 열심히 미생물을 방어하고 있다는 신호이다. 최전방에서 우리 몸을 방어하는 헌병을 지금 당장 불편하다고 없앤다면, 장기적으로 우리 몸은 외부 침입에 취약해질 수밖에 없는 것이 당연하다.

하지만 현대 과학이나 서양 의학은 스스로 시선이 짧다는 것을 인정하는 데 박하다. 이유가 뭘까? 내가 보기에, 기본적인 사고방식이 환원주의 위에 세워져 있기 때문이다. 환원주의(reductionism)란 모든 것을 쪼개어(reduction) 본다는 의미다. 나라는 유기체를 점점 더 작은 단위로 분석해 가면 마침내 나라는 존재의 모든 것을 파악할 수 있다는 것이다. 나라는 존재를 피부, 심장, 뇌…… 등으로 쪼개고, 피부를 세포로 쪼개고, 세포를 분자로, 분자를 원자로 쪼갠다. 그렇게 점점 더 작은 단위로 쪼개어 가면 마침내 나의 진면모를 파악할 수 있다는 태도다. 이것은 19세기 말 도저히 쪼갤 수 없다고 생각한 원자(atom)에 접근하려는 물리학이 만든 개념인데, 20세기 들어 생물학에 그대로 재현되었다.[5] 또 20세 후반과 21세기에는 의학에까지 그 방법이 재현되고 있는 듯하다. 건강 상태를 알기 위해, 내가 계속 쪼개어지고 있는 것이다.

질문을 하고 내용을 분석하는 것은 모든 지식의 기본적인 방법이다. 서양의 지적 역사로 보면, 고대 그리스에서 철학이 탄생한 이래 과학이 그 전통을 이어받으면서 면면히 이어진 오랜 방법이다. 그런 질문과 분석은 현대 서양 중심의 지식체계와 과학문명을 만든 1등 공신이라 해도 좋을 것이다. 그러나 이제 그 방법은 한계에 부딪힌 것은 아닐까? 내가 늘 품고 있는 의문이다.

서양의 과학적 사고를 출발시켰다고 할 만한 아리스토텔레스는 "전체는 부분의 합, 그 이상이다(The whole is greater than the sum of its parts)"라는 유명한 말을 남겼다. 진실로 옳다. 나라는 사람을 쪼개어 원자로 만든 다음, 다시 조합한다면 내가 될 수 있을까? 건축 재료들의 집합과 건축물 자체는 완전히 다르다. 하물며 생명체야 말할 필요가 없다. 원자에서 분자로, 분자에서 세포로, 세포에서 조직으로, 조직에서 유기체 전체로, 유기체 전체에서 생태계 전체로, 단계단계 나아갈수록 그 전에는 전혀 볼 수 없었던 특질들이 나타난다. 이것을 생명의 복잡성(complexity)과 창발성(emergence)이라 부르기도 하는데, 이런 생명의 특징은 과학의 진보에도 여전히 풀기 어려운 신비로 남아 있다.

19세기 물리학의 환원주의를 도입한 20세기 생물학과 21세기 의학은 그 자체로 커다란 진보이다. 그러나 거기에 그쳐서는 안 된다. 늘 전모(全貌)를 염두에 두어야 한다. 그런 의미에서 나는 통찰(通察, insight)이라는 말을 좋아한다. 법륜 스님의 얘기처럼, 사물은 앞뒤, 전후, 과거와 현재 모두를 통으로 관찰해야 전모(全貌, whole picture)가 파악된다. 하물며 생명이야…….

그래서 아리스토텔레스의 말은 분자생물학과 그에 기반해 분절화된 현대 서양의학에도 충분히 옳은 충고다. 분자생물학의 질문과 분석의 방향은 너무 일방적이다. "생물학의 모든 문제는 진화를 빼놓고는 제

전체는
부분의 합,
그 이상이다.

– 아리스토텔레스

대로 인식될 수 없다."[6]는 도브잔스키(Dobzansky)의 지적에도 불구하고, 21세기 의학과 생물학에서 특히 긴 진화보다 짧은 환원주의에 기대어 있다. 사물과 인간의 올바른 인식을 위해서는 부분을 보되, 그 부분이 전체에서 차지하는 위치와 맥락을 의식하고, 전체적인 그림 안에서 부분을 의식해야 한다. 또 지금을 보되 과거를 검토하고, 과거와 현재를 연결해 현재를 비판적으로 성찰해야 하고, 그 성찰의 기조로 미래를 준비해야 한다.

환원주의를 경계하라는 경고 중에서 내가 가장 아름답다고 느낀 글은 20세기 생물학의 혁명가 칼 워즈가 21세기 벽두에 쓴 글, 〈새로운 세기를 위한 새로운 생물학(A New Biology for a New Century)〉이다.[5] 1928년 생인 칼 워즈가 76세 때 발표한 글인데, 이 나이 때까지 이 정도 글을 쓸 만큼 지적 긴장감을 유지하고 있는 것이 일단 좋아 보였다. 또 물리학을 전공하고 분자생물학이 막 꽃 피우던 1960년대 초부터 분자생물학자로서 커리어를 쌓아와서인지 물리학과 생명과학을 아우르는 것이나, 19세기부터 20세기 말까지 시대적 상황을 아우르는 역사적 관점도 참 좋아 보인다. 칼 워즈는 유전자 분석을 통해 세균과는 사뭇 다른 고세균을 규명함으로써 생명의 3영역(3domain; 세균, 고세균, 진핵생물)을 정착시킨 20세기 생물학의 거장들 중 단연 돋보이는 인물이다. 또 생명의 계통적 흐름에 유전자 분석기법을 처음 도입해서 누구보다 20세기 후반에 분자생물학의 길을 넓게 튼 사람이다. 그런 그가, 19세기 물리학에 큰 영향을 주었던 환원주의가 생물학에 적용되던 시기를 온전히 경험한 그가 이렇게 얘기한다.

"쪼개고 쪼개는 것을 거듭하며, 더 쪼갤 수 없다는 의미의 원자(atom)에 근접한 19세기 물리학은 20세기에 들어 점차 환원주의를 거부하는 과정을 걸었다. 그런데 20세기 생물학은 기묘하다. 물리학이 폐기하고 있는 환원주의라는 세계관에 자신을 꿰어 맞추고 있다."

이에 대한 대안으로 워즈가 제시한 관점은 이것이다.

"21세기에 들어선 지금 분자생물학의 비전은 수명을 다했다. 이제는 계속해서 잘라가는 환원주의자들의 분자적 시선을 극복하고, 눈을 들어 살아 있는 세계의 전체적인 모습에 주목해야 한다. 그래야 생명의 진화, 창발성, 복잡성에 접근할 수 있다."

이것은 우리의 몸을 돌보는 데에도 전적으로 옳은 충고다. 우리 몸의 부분 부분으로 나누어서 보는 것도 필요한 일이다. 그래야 훨씬 더 전문적인 지식과 기술로 상황에 대처할 수 있다. 하지만 그 부분들이 우리

눈을 들어 살아 있는 세계의

전체적인 모습에 주목해야 한다.

그래야 생명의 진화,

창발성, 복잡성에 접근할 수 있다.

– 칼 워즈

몸 전체를 설명하지는 못한다. 또 전체적인 내 몸 건강은 환원주의적 방법으로 처방되는 약에 의존해서는 유지하기 어렵다.

전체적인 몸 상태는 내가 가장 잘 알고 가장 잘 돌볼 수 있다. 현대 의료는 가까이 두고 도움을 받아야 하고, 그것이 과학의 시대를 사는 현대인의 특권이다. 하지만 그렇다고 해도 도움은 도움일 뿐, 내 몸은 내가 돌보아야 한다. 특히 나이가 들수록 전문가들이 얘기하는 소위 '객관'이란 것과, 내가 느끼는 '주관적' 건강 정도의 거리는 넓어져 간다.[7]

2. 현대 과학의 짧은 시선

안젤리나 졸리의 유방을 돌려줘

안젤리나 졸리는 2013년 〈뉴욕타임즈〉에 자신의 유방을 절제했노라고 스스로 칼럼을 써서 발표했다.[1] 어머니가 유방암으로 고생하다 사망했는데, 자신도 브라카(BRCA1) 유전자에 문제가 있어서 유방암이 생길 가능성이 크다고 판단했고, 예방을 위해 아예 유방을 절제했다는 것이다. 이 글에서 안젤리나는 유방의 예방적 절제를 통해 자신이 유방암에 걸릴 확률을 87%에서 5%로 낮추었다고 밝혔다. 절제수술 전에 자신의 주치의가 유방암에 걸릴 확률은 87%, 자궁암에 걸릴 확률은 50%라고 했다는 것이다. 이 소식은 전세계로 전해졌고, 이후 많은 여성들이 그녀를 따라 유방암 유전자 검사에 나섰다. 그녀의 발표 전후를 비교할 때 브라카 유전자검사가 4배 이상 급증했다고 한다. 이른바 안젤리나 효과(Angelina effect)인 셈이다.

이런 결정을 하기까지 본인이나 주치의의 고민이 많았을 것이다. 하지만 나는 통생명을 공부하는 사람으로서 이 결정에 문제가 있다고 생각했다. 기본적으로 유전자가 무엇이고, 유전병(genetic disorder)이란 것이 무엇이며, 우리 몸의 건강과 질병이 어떻게 진행되는지에 대한 이해에 대해서다.

특히 어떻게 유방암에 걸릴 확률이 87%나 된다고 했는지가 궁금해서 검색하다 보니, 나와 같은 생각을 하는 사람이 또 있었다. 그 사람이 적절하게 지적하고 있다시피, 브라카 유전자는 유방암과 직접 연관이 있는 유전자가 아니다.[2] 다만, 암을 억제하는 유전자(tumer suppressor gene)일 뿐이다. 세포분열을 통한 생명활동에서, 늘 생길 수밖에 없는 DNA 손상을 비롯한 여러 문제들을 해결함으로써, 그런 문제들이 암으로까지 가지 않도록 조절하는 유전자라는 것이다. 그리고 암억제 유전자는 브라카 유전자들 외에도 많이 발견되었고, 계속 발견되고 있다. 또 그런 유전자에 문제가 생겼다고 해서, 바로 문제가 생기는 것이 아니다. 다만 손상의 복구가 덜 될 뿐이다. 복구가 덜 되는 것과 암으로 간다는 것은 전혀 다른 차원의 문제다. 게다가 브라카 유전자에 문제가 생겼다고 해서 유방암이 87%, 혹은 65%까지 생길 수 있다는 것은 과도한 단순화다. 그리고 그걸 입증할 믿을 만한 연구도 없다.

지난 2000년 봄, 미국 빌 클린턴 대통령이 과학자들을 배석시키고 의기양양하게 31억 쌍에 달하는 인간게놈 초안(draft)이 완성되었다고 발표하자, 세계인들은 흥분했다. 과학자들 역시 인간의 청사진인 유전자를 모두 해독했으니, 이제 곧 인간의 모든 운명, 모든 질병이 자신의 손안에 들어올 수 있을 거라며 들떴다. 특히 인간을 포함한 모든 유기체는

2000년 봄, 과학자들을 배석시키고 31억 쌍에 달하는 인간게놈 초안이 완성되었다고 발표하는, 당시 미국 대통령 빌 클린턴

유전자를 나르는 기계에 불과하다고 생각하는 과학자들은 생명의 신비를 모두 풀 수 있을 것이라며 더욱 흥분했다.

하지만 거의 20년이 지난 지금 상황은 어떤가? 물론 상당히 많은 유전적 질환이 밝혀지기는 했다. 예를 들어, 625명 가운데 한 명에게 나타날 수 있다는 겸상적혈구빈혈증(sickle cell anemia)은 11번 염색체 안의 어느 곳에 문제가 있어서 일어난다(그림 1). 하지만 이런 질병은 실제로 많지도 않고, 유전병 치료법의 실제 사용은 아직 요원하다. 또 전체적인 인간의 질병과 건강문제에 대한 해답 역시 여전히 오리무중이다. 오히려 21세기 들어 전 세계적으로 노령화가 급속히 진행되면서, 고혈압과 당뇨 같은 만성질환들이 증가일로에 있고, 심지어 젊은 층에게도 이런 질환들이 전염병처럼 퍼지고 있는 것을 막지 못하고 있다. 그 많은 연구와 약에도 불구하고 말이다.

왜 그럴까? 기본적으로 유전자는 청사진이 아니기 때문이다. 유전자를 건축물의 도면을 의미하는 청사진(blue print)에 비유하는 것은 20세기 후반의 유전자 결정론자들이었다. 유전자의 형태(Genotype)가 나의

그림 1. 염색체와 유전질환

인간게놈 프로젝트로 인간의 유전자 지도가 그려진 이후 많은 유전질환들의 원인과 위치가 찾아졌다. 예를 들어, 조로증은 8번 염색체, 겸상적혈구빈혈증은 11번 염색체의 이상 때문이라는 것이다. 하지만 실제 유전질환은 수로 보면 그렇게 많지 않으며, 그래서 우리는 인간게놈프로젝트 직후의 기대와는 달리 여전히 개인 맞춤형 의학과는 먼 시대를 살고 있다.[3]

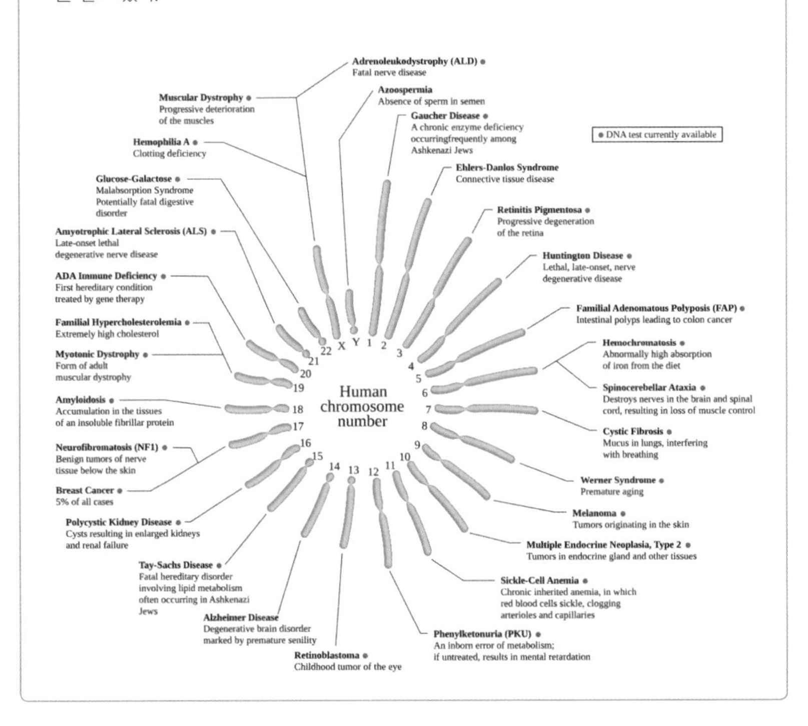

생김새, 질병의 유무, 취향은 물론 심지어 운명까지(전체적으로 유전형에 빗대어 표현형, phenotype이라 한다) 결정한다는 것이다. 하지만 이런 비유는 과학자들 안에서도 폐기되어 가고 있다.[4] 건물은 청사진에 따라 일방적으로 건축되는 정적인 개념인 데 반해, 인간과 생명은 유전자와 환경이 쌍방으로 영향을 주고 받으며 실시간으로 적응해가는 동적인 존재이기 때문이다.

굳이 비유하자면, 나는 유전자가 마치 밀가루 반죽과 비슷하다고 생각한다. 이 반죽을 동그랗게 만들어 높은 온도에 구우면 쿠키가 되고, 넓게 펴서 토핑을 올려 화덕에 넣으면 피자가 되며, 적정 온도에서 오랜 시간 숙성하여 빵을 만들 수도 있다. 동일한 반죽인데, 그것이 노출되는 환경에 따라 쿠키, 피자, 빵이 되듯이, 동일한 유전자라도 환경과 어떤 영향을 주고 받느냐에 따라 형태와 능력과 운명이 다른 생명으로 살아가는 것이다(그림 2).

그림 2. 유전형과 표현형

유전형(Genotype)과 표현형(phenotype) 유전자는 당연히 표현형에 영향을 미치지만, 그 과정에서 많은 환경의 영향을 받는다. 일란성 쌍둥이라도 환경에 따라 체형, 성격, 질병 등 모든 면에서 나이가 들수록 차이가 벌어진다.

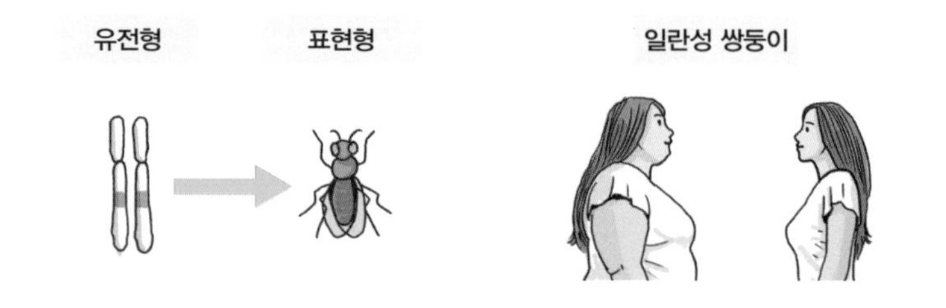

이런 현상이 구현되는 가장 가까운 곳은, 바로 내 몸의 탄생 과정과 지금 유지되고 있는 과정이다. 어머니의 난자와 아버지의 정자가 결합해 수정란이라는 하나의 세포가 만들어진 이래, 세포분열을 거듭하여 100조 개까지 추정되는 세포들을 만들어 지금의 나를 구성하고 있다(그림 3). 그리고 이 세포들이 핵 안에 감싸고 있는 유전자는 세포분열 동안 생길 수 있는 작은 에러들을 제외하면 거의 동일하다. 말하자면, 뼈 세포나 심장 세포나 치아 세포나 두피 세포나 세포 속 유전자는 모두 동일

그림 3. 세포 하나에서 시작한 우리 몸

우리 몸은 세포 하나짜리 수정란에서 세포분열을 통해 다양한 세포로 분열해 가는데, 그 유전자는 모두 같다. 세포는 특정 유전자를 켜거나 꺼서 다양한 모양과 기능의 세포로 분화해 간다.

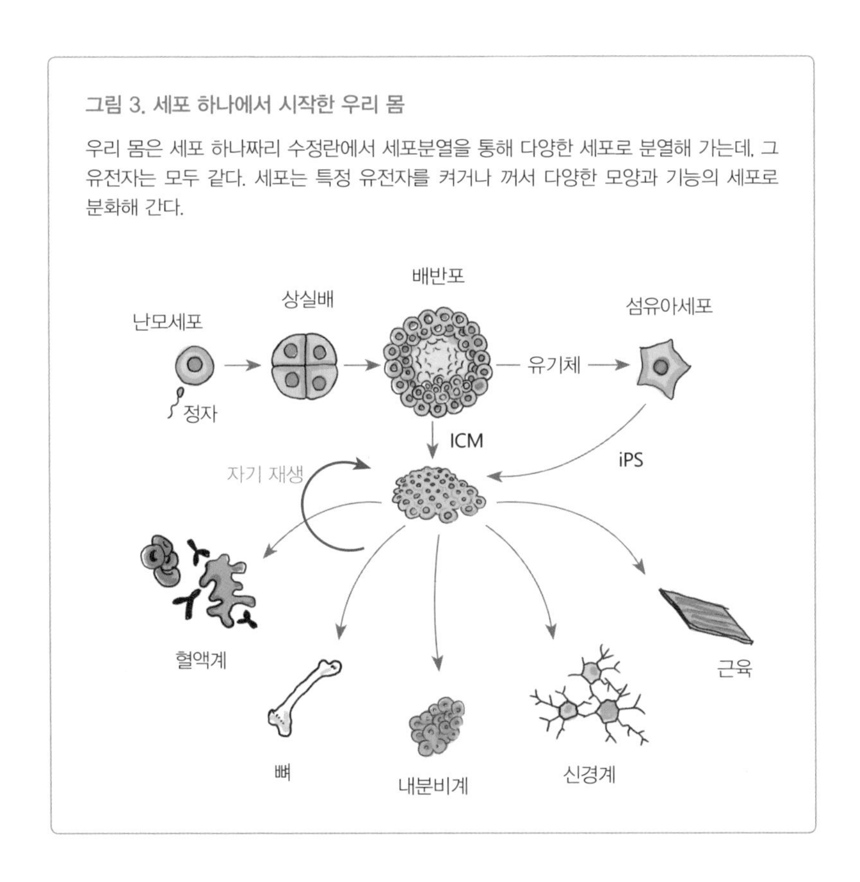

하다는 것이다. 동일한 유전자를 가진 세포들이 각각 역할을 달리해서 뼈나 심장 조직, 이, 머리털을 만들어 나를 구성하고 있다. 모두 동일한 유전자인데도 그 세포가 만드는 것은 천양지차인 것이다.

어떻게 그럴 수 있을까? 바로 세포들끼리 주고받는 신호 때문이다. 세포분열을 거듭하는 동안, 세포는 우연히 자리하게 된 자신의 위치에 따라 역할을 인지한다. '아, 여기는 나중에 입이 될 장소이니, 나는 이빨을 만들 준비를 해야 하는구나.' 그리고 그 세포는 자신의 유전자 중 특정 스위치를 켜서 이빨을 만들고, 심장이나 머리털이나 뼈를 만드는 역

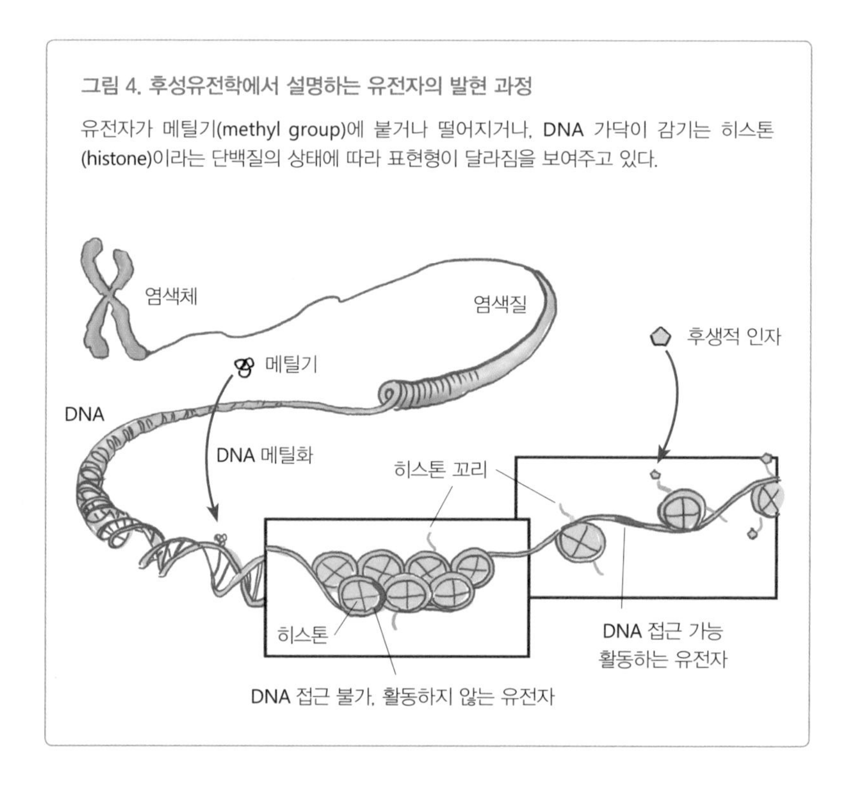

그림 4. 후성유전학에서 설명하는 유전자의 발현 과정

유전자가 메틸기(methyl group)에 붙거나 떨어지거나, DNA 가닥이 감기는 히스톤(histone)이라는 단백질의 상태에 따라 표현형이 달라짐을 보여주고 있다.

할을 하는 유전자는 스위치를 끈다. 과학자들은 세포들이 자신의 역할을 인지할 때 세포간 신호체계가 있을 것이라고 추정하고 있다. 그 신호의 비밀은 여전히 풀리지 않고 있지만, 특정 유전자의 스위치가 켜지고 다른 유전자는 꺼지는 이유에 대해서는 접근해 가고 있다. DNA 다발을 엮는 히스톤이라는 단백질에 메틸기라는 것을 붙이거나 떼면서 일정한 변화를 주면, 동일한 유전자라도 그 표현이 달라진다는 것이다(그림 4). 이 연구가 바로 후성유전학(epigenetics)이라는 이름으로 21세기 들어 급속히 발달해가고 있는 분야다.

같은 유전자라도 달라질 수 있다는 것을 보여주는 좋은 예는 일란성 쌍둥이다. 아래 사진 속의 두 사람은 일란성 쌍둥이인데, 왼쪽은 운동도 좋아하지 않고 패스트푸드를 좋아한다. 이에 반해 오른쪽은 노화와 텔로미어(Telomere)의 관계를 연구하는 과학자로, 스스로 생물학적 수명(biologica age)을 조절하며 젊게 살기 위해 운동도 하고 채식 위주의 식사를 한다. 두 사람은 완전히 같은 유전자이지만 생김새부터 많이 다르다. 방영 당시 이들은 모두 66세로 세상 나이는 같았지만, 텔로

MBC 다큐스페셜 〈생명연장의 비밀, 텔로미어〉 화면캡처 사진

미어(Telomere)라는 염색체 끝 부분을 지표로 측정해본 생물학적 나이(biologic age)는 왼쪽은 70세, 오른쪽은 41세로 거의 30년 차이가 났다. 생물학적으로 보면, 이들은 쌍둥이가 아니라 전혀 다른 사람이 아닐까? 실제로 수많은 쌍둥이들이 살아온 환경에 따라 상당히 다른 몸을 가지고 사는 것은 흔한 일이다. 이 사진을 볼 때마다, 나는 내 몸을 어떻게 다루며 나이 들어 갈지 경각심이 든다. 내 몸은 내가 어디서 숨쉬고, 무엇을 먹고, 어떤 운동을 하느냐에 따라, 말하자면 어떤 환경에 노출되느냐에 따라 실시간으로 변하는 동적인 존재인 것이다.

특히 내 몸을 통생명체로 본다면, 이런 후성유전학적 발상은 더욱 확장된다.[5,6] 내 몸에는 인간 유전자보다 수백 배나 더 많은 유전자를 가진 존재, 미생물들이 있다. 이들은 내 세포들과 소통하고 서로 영향을 주고받는다. 우리 인간의 건강 유지와 질병 발생에도 주요한 요인임도 물론이다. 그런데 이들은 끊임없이 실시간으로 변한다. 내가 먹는 것, 접하는 것, 숨쉬는 것에 의해 실시간으로 변하며 내 몸과 영향을 주고받는 것이다. 그리고 이들은 내가 어떤 음식과 환경을 선택하느냐에 따라 전적으로 달라진다. 말하자면 내 유전자보다 수백 배 더 많은 유전자를 나의 의지와 판단에 의해 어느 정도는 선택 가능하다는 것이다. 상황이 이러한데 유전자 결정론이 발붙일 곳은 많아 보이지 않는다.

아카데믹한 흐름으로 보아도, 2007년 시작해 2012년에 1차 마무리하고 2019년 현재도 진행중인 인체 미생물 프로젝트(human microbiome project)는 1990년대 초에 시작해 2000년대 초 마무리된 인체게놈프로젝트(human genome project)의 연장판이라 할 수 있다.[7] 미생물을 의미하는 마이크로바이옴(microbiome)이라는 말 자체가, 미생물(microbe)을 유전자(genome) 의 눈으로 본다는 의미를 담아 탄생했다. 연구 방법으로 보아도, 인체 미생물 프로젝트는 1990년대의 게놈프로젝트를 진행하며 급속히 발달한 유전자 분석기술이 미생물학에 적용되면서 탄생한 개념이다. 또 게놈프로젝트로 쏘아 올린 개개인 맞춤형 의학(personalized medicine)이라는 인류의 이상을 위해 넘어야 할 또 하나의 중요한 변수, 미생물을 탐구하기 위한 과제이기도 하다. 말하자면 우리 인간(인간게놈프로젝트)만이 아닌 통생명체(인간게놈프로젝트+인간미생물프로젝트)까지 통합적으로 연구하여 좀더 세밀한 처방(precision medicine)에 가까이 가려는 것이다.

나의 아버지는 간암으로 돌아가셨다. 그렇다고 나는 내 간을 미리 절제할 생각은 절대 안 한다. 내 할아버지와 아버지가 당뇨가 있으셨고, 작은아버지도 당뇨 때문에 망막이 손상되셔서 거의 실명지경이고, 내 동생도 당뇨약을 먹는다. 하지만 나는 당뇨와 거리가 멀다. 앞으로도 당뇨를 멀리하며 살 수 있을 것으로 생각한다. 하루 두 끼 먹고, 식이섬유가 많은 음식을 챙겨먹고, 운동을 가까이하는 생활습관을 계속 유지한다면 말이다. 앞으로도 통생명체인 내 몸을 생명친화적으로 챙겨 가려고 한다. 내가 설사나 당뇨나 간암에 예민할 수 있는 유전자나 가족력(유전형)이 있다고 하더라도, 실제 간암이나 당뇨라는 질병(표현형)으로 가는 데에는 환경적 영향이 훨씬 더 중요하고, 그 중심에 내 몸 미생물이 자리한다. 통생명체인 나의 몸을 유전자로만 설명하기에는 너무 결정론적이고 옹색하다.

안젤리나 졸리 역시 그런 면에서 유방을 절제하겠다는 과감한 결정을 다시 생각했어야 하지 않았을까 싶다. 누구에게나 자기 몸은 가장 소중하니 많은 고민을 했을 테고, 그래서 개인의 결정은 존중되어야 하지만, 이러한 사실을 알았다면 다른 선택을 했을 수도 있다. BRCA1이라는 유전자는 오직 가능성으로만 존재하는 생명현상 중에 인간이 알아챈 변수 가운데 하나에 불과하다. 그 유전자가 실제 현실화되느냐는 스스로 어떤 환경을 만드느냐에 달려 있다. 다시 말해 후천적 변수가 훨씬 더 중요하다는 것이다.

21세기 생명과학은 인간의 유전자에마저 특허를 들이대는 상업적 의료기업의 욕망이 극대화된 영역인데, 안젤리나의 유방이 그 욕망의 타깃은 아니었을까?

3. 현대 의학의 짧은 시선

항생제가 일으킨 문제, 똥이 해결한다

항생제를 먹었을 때, 환자들이 느끼는 가장 흔한 부작용은 속쓰림과 더부룩함 그리고 설사다. 이런 부작용은 너무 흔해서, 미국 통계로 보면 전체 약물 부작용의 20%에 달한다.[1] 감염된 부위의 세균을 잡기 위해 입으로 들어간 항생제가 소화관을 통과하며 소화관의 점막을 자극하고, 장내 세균을 몰살시켜 정상적인 소화과정을 방해한 결과다. 그래서 항생제가 처방될 때에는 이런 소화관 장애를 방어하기 위해 소화제가 함께 처방된다. 치과를 포함해 많은 병원의 전자 차트에는 클릭 한번으로 항생제와 소화제가 한꺼번에 간단히 처방되도록 묶여 있기도 하다. 인간의 생명과정을 차단하거나 개입하는 것을 가능한 피해야 한다고 생각하는 내 관점에서 보면, 이런 묶음 처방은 혹에 혹이 붙어 있는 꼴이다.

항생제에 따라붙는 소화제는 인간이 느끼는 불편감은 줄여주지만, 실은 더 중요한 항생제의 부작용을 해결해주지는 못한다. 바로 장내 세균의 몰살 문제다. 항생제를 먹은 후에 대변을 받아 세균검사를 해보면, 거의 모든 장내 세균이 죽어 대변에서 세균이 검출조차 안 된다는 보고도 있다. 내가 직접 먹어보고 전후를 비교해본 결과, 내 몸에서는 그 정도는 아니지만 정상 장내 세균의 수가 대폭 줄었고 세균의 종류도 바뀌었다(3장 1. 참조). 말하자면, 세균 군집의 불균형(dysbiosis)이 초래되었다는 것이다.

항생제에 의해 의도하지 않게 장내 세균이 쓸려 나가면, 장내 미생물 군집의 불균형이 초래되고, 그 기회를 틈타 대폭 증식하는 세균들이 있다. 그 중에 중대한 문제를 가장 많이 일으키는 녀석은 C. 디피실리(*C. difficile*)라는 세균이다. 장에서 대폭 증식한 C. 디피실리는 정상 장내 세균 군집의 불균형을 더욱 확대한다. 장염(장의 감염)이 생기고, 물 같은 설사가 계속된다. 이처럼 원래 우리 몸 미생물의 생태계가 변화된 기회를 타고 문제를 일으키는 녀석들을 기회감염균(opportunistic pathogen)이라 부르는데, C. 디피실리는 대표적인 기회감염균이다. C. 디피실리가 일으키는 감염증(*C. difficile* infection)은 결코 만만하게 볼 문제가 아니다. 미국에서 디피실리 감염증이 가져오는 장기 설사가 연간 45만 건이 넘고, 이 가운데 3만 명 가까이가 사망한다.[2]

그럼 이런 경우 어떻게 치료해야 할까? C. 디피실리도 세균이니 또 항생제가 등장한다. 흔히 쓰이는 페니실린 계통 항생제보다 좀더 개량되어 장에 자극을 덜 주는 밴코마이신(Vancomycin)이나 메트로니다졸(Metronidazole)이라는 항생제가 주로 쓰인다. 그런데 언뜻 생각해봐도 이런 대처가 효율적인 치료가 되기 어렵다. 항생제로 생긴 문제를 또 다른 항생제로 치료하는 것이니, 때린 데 또 때리는 격이기 때문이다.

그래서 일군의 의사들이 찾아낸 방법이 있다. 항생제 대신 건강한 사람의 똥을 넣어주는 것이다. 이런 발상이 가능했던 것 역시 21세기 미생물학의 혁명 덕이다. 세균이 우리 몸에서 감염만 일으키는 녀석이 아니라 공존의 대상이라는 인식이 확산되었기 때문이다. 그리고 이 엉뚱해 보이는 발상은 임상실험으로 이어졌다. 그 의사들은 무작위 임상실험(RCT, randomized clinical trial)을 했는데, 환자들을 대상으로 말 그대로 무작위로 나누어 한 쪽은 약(밴코미아신)을, 다른 한 쪽은 똥을 투여한 것이다.[3]

결과는 놀라웠다. 밴코마이신의 치료 효율이 26%에 머문 반면, 건강한 사람의 똥을 넣어준 사람은 90%가 치료되었다. 똥과 항생제의 대결에서 똥이 완승을 한 것이다. 연구진들은 똥이 가질 수 있는 잠재적 독성이 혹 문제를 일으키지 않을까 걱정했지만, 똥을 받은 환자들에게서 특별한 후유증은 발생하지 않았다. 이후 똥은 C. 디피실리 감염에 쓰이는 또 다른 항생제인 메트로니졸과의 대결에서도 완승을 거둔다(그림 1).[4]

똥 치료연구는 최근으로 올수록 급증하는 추세다. 미국 전자의학도서관(PubMed)에 똥 이식(fecal transplantation)을 검색어로 넣어보니, 2010년 이후 연간 발표되는 논문 수가 급증한 것을 보여준다.[5] 특히 C. 디피실리로 인한 문제가 심각한 미국과 유럽의 과학자들이 똥 치료에 관심이 큰 것으로 보인다. 심지어 다발성경화증(multiple sclerosis)처럼 뇌에 생긴 여러 문제들을 똥으로 치료한 시도들도 보인다. 뇌와 장이 서로 소통한다는 뇌장축(brain–gut axis) 이론을 연상한 시도들일 것이다.

그림 1. C. 디피실리 감염증에 대한 항생제와 똥의 대결

C. 디피실리 감염으로 인한 만성설사의 치료를 위해 건강한 사람의 똥(FMT)과 밴코마이신이라는 항생제의 대결에서 똥이 압도적인 승리를 거뒀다. (왼쪽) 또 다른 항생제인 메트로니다졸과의 대결에서도 건강한 사람의 똥이 훨씬 더 좋은 치료효율을 보였다.(오른쪽)

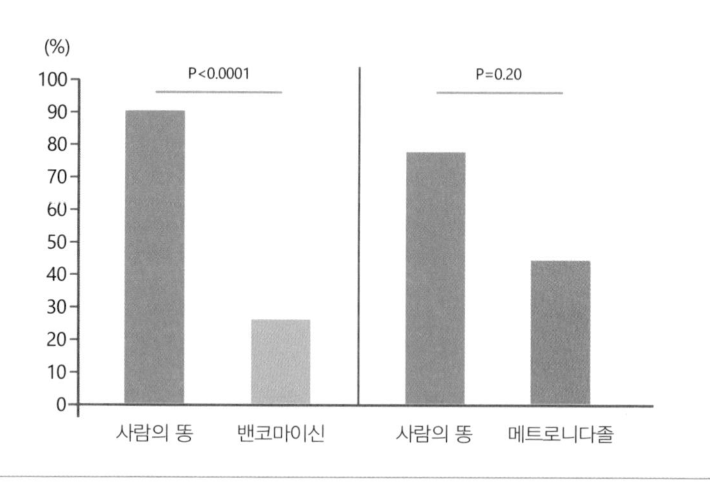

건강한 사람의 똥을 이용해 다발성경화증을 10년간 치료한 사례연구 보고도 있다.[6] 또 장염과 비슷하게 미생물 군집의 불균형 때문에 초래되는 잇몸질환에 대해서도 건강한 사람의 잇몸 미생물 넣어주는 시도도 보인다.[7]

이런 흐름을 타고 건강한 사람의 똥을 받아 미리 보관해 두는 똥은행(fecal bank)이 생긴 것도 당연해 보인다. 꽤 까다로운 검사과정을 통해 건강함을 확인한 후, 그 사람의 똥을 받아 보관해 두었다가 병원에서 요청하는 경우 보내주는 것이다. 우리나라에도 김석진이라는 사람이 똥은행을 만들었다.[8] 치과대학 다닐 때 함께 어울려 놀던 동아리 1년 후배인데, 건승을 빈다.

'과학'의 이름으로 검증과정을 덜 거친 똥을 사람의 몸속에 투여하는 것이 걱정되지 않는 것은 아니다. 똥은 세균 덩어리일 것이기 때문이다. 똥에 섞여 있던 세균이 혹시 문제를 일으키지는 않을까? 현재까지 검색되는 경우는 단 1건의 균혈증(bacteremia) 증례가 있다.[9] 장이 헐어 있는 크론병(Crohn's disease) 환자에게서 균혈증이 발생했다는 것이다. 하지만 내가 보기에 이 사례는 그다지 문제되지 않는다. 미생물과 공존하는 통생명체인 우리 몸에서 균혈증은 늘 일어나는 현상이기 때문이다. 특히 구강은 균혈증이 가장 많이 일어나는 공간이라, 밥을 먹거나 칫솔질을 하거나 간단한 스케일링을 해도 균혈증은 발생한다. 그래도 문제가 안 되는 것은 우리 몸의 건강한 면역이 해결해주기 때문이다. 실제로 현재까지 똥이식을 통해 C. 디피실리 감염을 치료한 거의 모든 연구에서 별 문제가 없었다는 것이 이것을 확인해준다.[10]

대체 왜 똥이 약이 될 수 있는 것일까? 보통 새로운 임상연구는 그 구체적 기전이 밝혀지지 않은 상태에서 시작되므로, 현재까지 이에 대한 완전한 해석은 없다. 다만, 현재 전문가들 사이에서 가장 유력하게 의견이 일치되는 가설은, 건강한 사람의 똥이 항생제로 인해, 혹은 C. 디피실리라는 기회감염균의 폭발적인 증식으로 인해 훼손된 장내 미생물의 생태계를 복원시켰다는 것이다.[11] 항생제는 장내 세균의 수도 줄이고 다양성도 떨어뜨리는데, 다양한 세균이 들어 있는 건강한 사람의 똥이 장내 생태계의 복원능력(resilience)을 회복시켜 주었다는 것이다.

똥을 약으로 사용하는 시도는 2010년 이후 급격히 진행되고 있는 미생물학의 혁명(revolution of microbiology)에서 영감을 받았고, 역으로 약이 된 똥은 미생물학의 혁명을 가속화하고 있다. '과학'의 무대에 등장한 똥은 미생물 혹은 세균이라고 하면 감염과 질병만을 생각하던 20세기적 사고방식에 전환점을 제공했기 때문이다. 이 책의 주제처럼, 나라는 존재는 눈에 보이지 않는 수많은 미생물이 이미 들어와 있는, 또 함께 살아가야 하는 통생명체(holobiont)라는 것이다.

약이 되는 똥 얘기는 오래된 기억을 떠올리게 한다. 내가 어렸을 적에 어른들이 상처에 똥을 바른다고 했었다. 실제로 조선시대 곤장을 맞으면 그 상처를 빨리 낫게 하기 위해 말똥을 발랐다고도 한다.[12] 또 ≪동의보감≫에는 더위 먹었을 때 말똥을 짜서 즙을 먹으면 효과가 있다는 기록도 있다고 한다.

똥과 항생제의 대결은 과학 혹은 인간의 지식이란 것이 생명에 비하면 얼마나 짧고 미미한 존재인가를 느끼게 한다. 20세기 의학의 위대한 진보인 항생제는 또 매우 위험한 약이기도 해서 늘 조심해서 써야 한다. 통생명체의 한 축인 우리 몸 세균을 무차별로 공격하는 약이라, 우리가 상상하는 이상으로 많은 부작용을 가져오기 때문이다.

4. 현대 산업의 짧은 시선

프로바이오틱스를 챙겨 먹으라고?

프로바이오틱스(Probiotics)는 생명(bio)을 위한(pro) 제제라는 뜻이다. 세균이라는 생명을 죽이기 위한 항생제(anti-biotics)와 대비시키면 그 의미가 좀더 분명해진다. 유산균과 같이 건강에 유익하다고 알려진 세균을 섭취함으로써 우리 몸을 보호하려는 것이다. 세계보건기구(WHO)는 프로바이오틱스를 2001년 “적정량 먹었을 때 숙주의 건강에 도움이 되는 미생물”이라고 정의하였고, 그 이후로는 이 의미로 통용되고 있다.[1]

그렇다고는 해도 일상에서 쓰이는 프로바이오틱스는 좀더 나누어서 봐야 할 것 같다. 유산균을 포함해 우리 몸에 유익하다고 알려진 세균들이 포함된 음식은 무척 많다. 대표적인 것은 김치, 요거트, 치즈 등이다. 광범위한 의미로 프로바이오틱스라는 용어를 쓴다면 이런 음식들도 분명 생명을 위한(pro-bio) 음식들이다. 하지만 식품이나 제약업계에서 프로바이오틱스라 할 때에는 그런 음식까지 포함하지는 않는다. 우리나라에서는 건강기능식품(functional food)이 법제화되어 있고, 그런 식품에 쓸 수 있는 19종의 유산균들이 고시되어 있어(표 1), 식품이나 제약회사에서는 주로 그런 세균들을 가지고 제품을 만든다. 그래서 이 글에서도 이 기준에 따라 프로바이오틱스라고 하겠다.

세계적으로나 우리나라나 대개의 프로바이오틱스는 락토바실러스나 비피도박테리움이라는 세균으로 만든다. 이들은 우리 몸속의 탄수화물을 분해해 유산이나 단쇄지방산 같은 것을 만들어 우리 몸에 제공한다. 예를 들어, 내가 김치를 먹었다면 배춧잎의 식이섬유 중 질긴 셀룰로스나 저항성전분(resistance starch) 같은 것을 잘라서 소화시키는 것은, 우

표 1. 우리나라 식품의약품 안전처에서 인정하는 프로바이오틱스 19종

속명	종류
젖산간균 *Lactobacillus*	아시도필루스(*L. acidophilus*), 카제이(*L. casei*), 델브루엑키이 불가리쿠스(*L. delbrueckii ssp. bulgaricus*), 가세리(*L. gasseri*), 헬베치쿠스(*L. helveticus*), 퍼멘텀(*L. fermentum*), 파라카세이(*L. paracasei*), 플란타럼(*L. plantarum*), 레우테리(*L. reuteri*), 람노서스(*L. rhamnosus*), 살리바리우스(*L. salivarius*)
락토코커스 *Lactococcus*	락티스(*Lc. lactis*)
장내구균 *Enterococcus*	패시움(*E. faecium*), 페칼리스(*E. faecalis*)
사슬알균 *Streptococcus*	테르모필루스(*S. thermophilus*)
비피도박테리움 *Bifidobacterium*	비피둠(*B. bifidum*), 브레베(*B. breve*), 롱굼(*B. longum*), 아니말리스 락티스(*B. animalis ssp. lactis*)

리 인간이 만드는 효소가 하는 것이 아니라 대장 속 유산균들이 하는 일이다. 대장 속 유산균들은 내가 소화시킬 수 없는 것을 재료로 삼아 살아가고, 또 그런 재료들이 많이 들어올수록 더 많이 살 수 있는 상호 공존의 상태에 있다.[2]

상품화된 대부분의 프로바이오틱스는 이런 유산균들을 몇십 억에서 최대 4,500억 개까지 집어넣은 것이다. 제조과정에서 해당 유산균을 증식시켜 냉동건조해 분말이나 정제로 만들어 판다. 건조된 분말에 있는 유산균들은 일종의 가사(假死) 상태에 있다가 촉촉한 우리 입속과 소화관을 통과하는 동안 다시 살아나 활동한다. 물론 위산이라는 우리 몸의 해자를 건너야 한다는 조건도 붙는다. 위산은 프로바이오틱스 미생물이 본격적으로 활동해야 할 대장까지 가는 동안 넘어서야 할 가장 큰 난관이고, 상품화된 프로바이오틱스들 역시 이 문제를 해결하려 애쓴다. 마이크로캡슐과 같은 기술로 해결하려 하지만, 아직 완전하지는 못해 보인다. 그래서 실은 포장에 쓰여 있는 유산균 수는 제조된 분말의 수일 뿐, 그 중에 얼마나 대장에 도달하는지는 아무도 모른다.

그렇더라도 분말 속 수십에서 수백 억 단위의 세균은 결코 적은 수가 아니다. 일반적으로 우리 구강에 정상적으로 살고 있는 세균 수가 대략 100억 정도로 추정하는데, 그와 비교될 만한 수다. 그래서 우리나라 식품 의약품 안전처는 미국 식품의약국(FDA)이 일반적으로 안전하다고 인정한(GRAS, Generally Recognized as Safe) 유산균들을 제외한 세균들로 프로바이오틱스를 제품화하려는 시도를 상당히 까다롭게 검사하고 규제한다.

그런 과정을 통해 출시된 프로바이오틱스는 지금까지 약으로 해결하기 난감했던 여러 문제들을 해결해 준다. 대표적으로 항생제 때문에 생긴 설사다.[3] 항생제를 먹으면 장내 세균 군집의 분란이 일어나고, 그 부작용으로 대표적인 것이 설사인데, 그때 프로바이오틱스를 먹으면 효과가 좋다. 그래서 항생제를 처방 받으면 꼭 프로바이오틱스를 먹으라 권하기도 한다. 또 변비나 아토피 등에도 어느 정도 효과가 있다는 연구결과도 있고, 대표적인 세균성 만성질환인 잇몸병에도 프로바이오틱스를 적용하기도 한다.[5] 또 항생제의 저항성 문제에 대처하기 위한 여러 방면의 시도가 있는데, 그 중 프로바이오틱스도 한자리를 차지한다. 그런 다방면의 시도는 최근 미생물에 대한 공존의 관점이 확산되는 흐름과 함께 프로바이오틱스 시장이 빠르게 성장하는 모멘텀을 만들고 있다. 2015년 미국에서만 요거트 음료를 포함한 프로바이오틱스 시장이 40조가량 된다고 한다.

나는 이런 방식으로 프로바이오틱스를 사용하는 것은 좋다고 생각한다. 잇몸병에 사용할 수 있는 프로바이오틱스를 찾는 과정이 미생물학을 다시 공부하게 된 계기이기도 하다.

그런데 최근 시장의 확장과 함께 좀 걸리는 대목이 있다. 마치 건강한 사람도 프로바이오틱스를 먹는 것이 좋다고 말하는 듯한 제약회사의 광고들이다. 과연 그럴까? 결론부터 얘기하면, 나는 그런 대목에 동의하기 어렵다. 기본적으로 프로바이오틱스 역시 세균들이다. 결국 세균들을 농축해서 먹는 것인데, 말하자면 건강한 내 몸에 자연스럽게 살고 있는 미생물에 인위적 세균들을 합류시키는 것이다. 또 일반적으로 그런 세균들이 안전하다고 알려져 있지만, 그것은 인간의 해석일 뿐이다. 세균들 역시 하나의 생명체이고, 그냥 자신의 생존을 위해 살아갈 뿐이다. 물론 인간과의 오래된 공진화 과정에서 상호 협력을 해왔고, 그래서 세균들 대사의 결과가 인간에 유리한 물질을 만들 수 있다지만, 모든 진화가 그렇듯 그건 우연의 결과다.

그래서 그것이 늘 우리 몸에 유리하다고 장담할 수도 없다. 그런 세균들이 내 혈관을 타고 들어가 소화관에만 머물지 않고 다른 곳으로 이동할 수도 있다. 미생물이 우리 몸으로 들어가는 균혈증이나 곰팡이혈증은 언제라도 일어날 수 있고, 그런 일이 면역이 약한 사람에게서 발생하면 문제가 될 수 있다.[6]

또 프로바이오틱스는 효과의 일관성이 부족하다. 누구라도 먹어보면 바로 안다. 대개의 프로바이오틱스는 면역을 증진하고 배변에 도움이 된다는 등의 효과를 내걸고 있는데, 그 중 우리가 쉽게 느낄 수 있는 것은 배변일 것이다. 배변에 있어서는 같은 프로바이오틱스, 같은 종류의 유산균이라고 해도 효과는 사람마다 다르고, 같은 사람이라도 때에 따라 다르다. 또 효과가 있다고 하더라도 계속 먹으면 효과가 떨어진다. 우리 장 미생물 역시 사람마다 다르고 때에 따라 계속 달라지기 때문이다. 이미 살고 있는 세균이 시시각각 달라지고 있는 상태에서 프로바이오틱스 세균이 들어오면, 두 무리가 상호 작용하고 경쟁해서 우리 몸에 미치는 영향도 달라질 것이다. 과학의 열망은 그 모든 것을 알아내서 그 모든 상황에 대처할 수 있는 타겟팅 제제를 만들고 싶어하지만, 최소한 지금으로서는 그런 목표가 요원해 보인다.

물론 나도 우리 몸에 상대적으로 유익할 수 있는 미생물들이 있다고 생각한다. 우리 인간과 통생명체를 이루며 오랫동안 공진화하며 공생의 경지에 오른 세균들이 있을 것이다. 하지만 그런 세균들을 일방적으로 유익균, 혹은 유해균으로 나누는 것은 위험하다. 내가 보기에 그것은 우리 인간들의 일방적 관점으로 미생물을 나누는 이분법적 사고다. 예를 들어 인간의 장에서 식이섬유를 분해해 단쇄지방산을 만들어서 유익한 일을 하는 유산균(Lactobacillus)은 입안에서는 충치를 만드는 주범 중 하나다. 또 드물지만 유산균은 백혈병자처럼 면역이 약해진 사람에게서는 혈관을 타고 침투하는 균혈증을 만들어 원인 모를 열병을 만들기도 한다.[7] 그럼 이 유산균은 유익균인가, 유해균인가?

우리 몸 미생물은 우리 인간이 지구를 터전 삼아 살아가는 것처럼, 우리 몸을 터전 삼아 '다만 살아갈 뿐'이다. 그 결과가 우리 인간에게 유리한지 불리한지는 우리 몸의 상태에 따라 달라지고, 미생물이 위치한 맥락에 따라 달라질 뿐이다. 이런 세균을 유익균과 유해균으로 나누는 것은 생각의 편리함은 있을지 모르나 마치 인간을 좋은 사람과 나쁜 사람으로 나누어 보려는 단순함과 완전히 같다.

그래서 건강한 사람이 자기 몸에서 자기 몸과 맞는 미생물을 키우고 싶다면, 먹는 음식을 주의하는 방법이 가장 좋다. 만약 내 장에서 내 건강에 도움이 되는 세균을 더 살게 하고 싶다면, 상품으로 나와 있는 프로바이오틱스를 사먹는 것 말고도 쉽게 할 수 있는 일이 가까이 있다. 현미, 과일, 채소를 많이 먹는 것이다. 거기 포함된 식이섬유는 장 속 프로바이오틱스인 유산균의 먹잇감이 되어 그들을 증식시킬 것이다. 내가 도시락과 식판에 늘 채소를 먼저 올리고, 먹을 때도 이것들을 먼저 먹는 이유다. 이런 식이섬유를 프리바이오틱스(prebiotics)라는 이름으로 상품화하기도 하지만, 이 역시 현재로선 음식으로 충분하다고 생각한다.

프로바이오틱스의 상품화와 시장의 확장 과정에서 자본의 욕망을 느낀다. 자본의 욕망은 자주 과함으로 치닫고, 가장 소중한 건강에 대해서도 그 욕망은 예외를 두지 않는다. "음식이 약이 되게 하라"는 히포크라테스의 말 한 마디가, 건강한데도 프로바이오틱스를 먹어야 할 것처럼 광고하는 회사나 그런 광고에 압박을 느끼는 건강한 사람에게 더 적절한 말이다.

5. 긴 시선으로 통생명체 대하기

몇 해째 내가 사는 동네 주민들과 생명과 건강에 관한 책 읽기 모임을 하고 있다. 매월 한 차례, 한 권의 책을 정해 읽고 토의하는데, 참석하는 20여 명의 사람들 중에는 나처럼 보건의료에 종사하는 사람도 있지만, 대부분은 과학과 건강에 관심 있는 일반인이다. 나이가 들수록 건강에 대한 관심이 높아지는 것은 당연하겠지만, 함께 이야기를 나누다 보니 각자의 경험과 건강을 유지하는 방법이 얼마나 다양한지, 또 같은 책과 지식을 대하고 받아들이는 태도가 얼마나 다양한지를 느끼고 배울 수 있어서 재미있게 참여하고 있다.

그 모임에서 강원도로 1박 2일 건강여행을 간 적이 있다. 치악산을 오른 다음, 20여 년 동안 자신의 진료경험을 기록하고 있는 한의사와 대안의료를 고민하는 의사를 만나 강의도 듣고 토의도 하는 여행이었다. 우연찮게 양방 의사와 한방 의사, 두 분의 강의 주제와 주장이 같았다. 소화기관이 몸 건강의 기반인 하부구조라 가장 중요하고, 특히 배변을 잘 해야 한다는 것이었다. 두 분이 공부와 경험에서 각각 권하는 장 건강을 위한 구체적 솔루션은 생감자즙(한방)과 커피관장(양방)이었다.

그 여행을 계기로 나는 생감자즙을 먹어 보기로 마음먹고, 지금까지 매일 나도 먹고 80대 후반인 어머니께도 드리고 있다. 그후 내 몸이 스스로 느끼는 바는 참 좋다. 소화가 잘 되고 가끔 느낀 속쓰림이 없어졌으며 배변도 더 원활하다. 어머니도 비슷한 반응이다. 만들어 드린 지 3일째 되는 날 어머니가 하신 말씀이 인상적이었다. "아야, 이렇게 좋은 약이 가까이 있었다는 게 참 신기하다."

좋은 약. 맞다. '좋은 약'은 '가까이'에 있다. 나 역시 속쓰림과 위통을 여러 해 동안 느껴왔고 가끔 심할 때에는 약도 먹고 주치의의 조언도 들어봤지만, 한계가 있었다. 그런데 생감자와 요구르트를 함께 갈아 먹는 한의사의 솔루션은 나에게 참 잘 맞았다. 지금까지 그만큼 효과를 느낀 것은 없었으니 생감자즙은 최소한 현재까지 내가 접한 것 가운데 가장 '좋은 약'이 분명하다. 게다가 생감자즙의 효과는 인터넷에 검색을 해보면 수없이 소개되고 있을 만큼 '가까이' 있었다.

그런데 왜 25년 넘게 보건의료업을 하고 있고 건강문제에 관심이 많고 책까지 낼 만큼 공부도 하고 있는 나조차 50대 중반이 될 때까지 이 '가까이 있는 좋은 약'을 만날 수도 알 수도 없었을까? 왜 내게 멀리 있었고, 심지어 '약'이라 할 수 없었을까? 그 이유는 내게 있었다. 오래된 생활의 지혜에 마음을 닫고 산 내 탓인 것이다. 그리고 조금 더 깊이 들어가면, 그런 닫힌 내 마음에 커다란 영향을 준 현재의 의료체계를 이루는 개념과 제도의 문제이기도 하다.

일단 현재의 의료체계에서는 어디서나 구할 수 있는 생감자는 약이 될 수 없다. 그것은 상품화되기 어려우며 특허로 지식을 독점하기 어렵다. 그래서 제약회사들이 눈독 들일 만한 대상이 되지 못하며 당연히 약이 되지 못한다. 학회의 가이드라인에 의존해서 평균치대로 약을 처방하고, "이 처방된 약을 평생 먹어야 할 환자들을 만들어야 자신의 병원을 유지할 수 있는"[1] 의사들에게도 생감자즙은 매력적이지 못하다.

개념적으로 보아도 그렇다. 앞에서 말했듯, 현대 의료의 사고방식은 모든 것을 잘라서 보려는 환원주의(reductionism)에 기반해 있다. 이에 따르면, 사람은 세포로, 세포는 분자로 쪼개어진다. 몸에 문제가 생기면 세포 속 분자의 흐름(pathway)을 차단하는 족집게 약을 꿈꾼다. 1953년 DNA의 구조가 밝혀진 이후로 급속히 발달해 생명과학의 중심으로 자리잡은 분자생물학이 그런 환원주의를 뒷받침하고 있기도 하다. 이처럼 환원주의와 분자생물학에 입각한 '과학'의 흐름에 생감자를 통으로 갈아서 먹으라는 솔루션은 아주 멀리 있는 것일 수밖에 없다.

환원주의와 분자생물학에 기반한 약물과 그를 이용한 현대의 의료행위가 인간의 건강과 수명연장에 얼마나 이바지했을까? 서양 의학 찬미론은 인간의 수명이 거의 2배가량 늘어난 20세기가 그 공의 증거라고 한다. 하지만 나는 온전히 동의하기 어렵다. 기본적으로 수명 연장의 공은 상하수도가 구분되면서 환경이 개선되고 먹을 것이 많아지고 영유아 사망이 대폭 줄어든 데 있다. 물론 서양 의학의 공도 크다. 20세기 동안 항생제를 통해 감염병을 일정 정도 통제하게 된 것, 여러 외과 수술기법으로 문제가 있는 부분을 제거하게 된 것, 내가 일상으로 접하는 임플란트의 도입으로 노령인구의 영양섭취가 대폭 개선된 것 등은 수명 연장과 삶의 질 개선에 공이 매우 크다. 하지만 최소한 나는 약물, 특히 노령인구나 만성질환에 처방되는 수많은 약의 역할에 대해서는 여전히 회의적이다.

좋은 예가 있다. 100년 넘게 인간이 먹어왔고 지금까지 세계에서 가장 많이 팔리는 아스피린이다. 한 미국 의사가 만병통치약[2]이라고까지 치켜세우며 열렬히 환영하는 이 약에 대해 2만 명 가까이 되는 사람들을 무작위로 나누어 6년 동안 지켜보는 대규모 실험을 했다.[3] 한쪽은 아스피린을, 반대쪽은 위약을 6년간 먹게 하고 지켜본 것이다. 결과는 참담했다. 아스피린은 이미 심장수술을 받은 사람의 재발을 막기 위한 것 외에는 대부분의 사람에게서 아무런 효과가 없었다. 오히려 시간이 지날수록 아스피린을 먹는 사람들에게서 암이 더 많이 발생했을 뿐이다(그림 1).

이 연구를 받아들인다면, 지금 이 순간에도 수많은 사람들이 처방받고 먹고 있는 아스피린은 대부분 중단되어야 한다. 하지만 이 연구가 2018년 10월에 세계에서 가장 권위 있는 의학저널인 〈뉴잉글랜드의학저널(New England Journal of Medicine)〉에 발표되었는데도, 내가 만나는 환자들 가운데 지금도 여전히 아스피린을 처방받아 복용하는 분들이 많다. 대체 이 현상에 대한 책임은, 더 나아가 지금까지 100년 넘게 먹으며 생겼을 그 많은 부작용들에 대한 책임은 어디에 있을까?

인상적이고 또 좀 충격적이기도 했던 연구가 있다. 1990년 50대와,

2010년 50대 가운데 누가 더 건강할까? 2020년 되면 딱 50대 중반이 되는 나는 당연히 지금 나의 세대, 나와 가까운 세대가 더 건강할 것이라고 생각했다. 하지만 그게 아니었다. 미국 건강영양조사(NHANES)는 내 생각의 관성과는 정반대의 결과를 보여준다.[4] 고혈압, 당뇨, 고지혈증, 비만 등 우리가 흔히 건강검진에서 체크하는 모든 지표에서 2010년 50대가 그 전 세대의 50대보다 더 많은 질병을 가지고 있는 것으로 나타났다(그림 2). 2010년에 50대에 들어선 베이비붐 세대는 그 전 세대에 비해 담배는 덜 피웠지만, 운동을 덜 했고 술을 더 많이 마셨다. 약도 더 많이 먹었고 암도 더 많이 걸렸다.

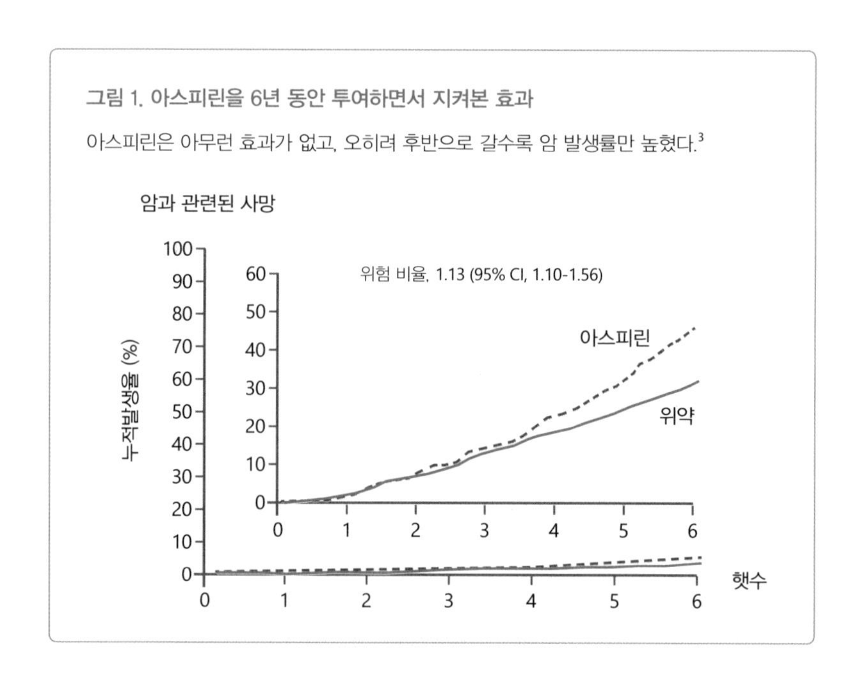

그림 1. 아스피린을 6년 동안 투여하면서 지켜본 효과

아스피린은 아무런 효과가 없고, 오히려 후반으로 갈수록 암 발생률만 높혔다.[3]

대체 왜 이런 현상이 일어났을까? 이 조사의 서두에서 스스로 물었던 것처럼, "우리 세대에 출시된 그 많은 약에도 불구하고, 주위에 보이는 그 많은 병원에도 불구하고, 대체 왜 이런 일이 일어났을까?" 이에 대해 나는 건강이 약과 병원에 있지 않다는 것 외에는 할 말이 없다. 이 결과를 받아들인다면, 우리 세대는 생각을 바꾸고 생활을 바꾸어야 한다. 그러지 않으면 약을 달고 살아야 하는 기간, 혹은 병원 신세를 져야 하는 기간이 대폭 늘어날 수밖에 없다. 그리고 이런 우려는 이미 우리 주위에서 현실화되고 있다. 수명이 늘어도 건강 수명은 줄고 있는 것이다.

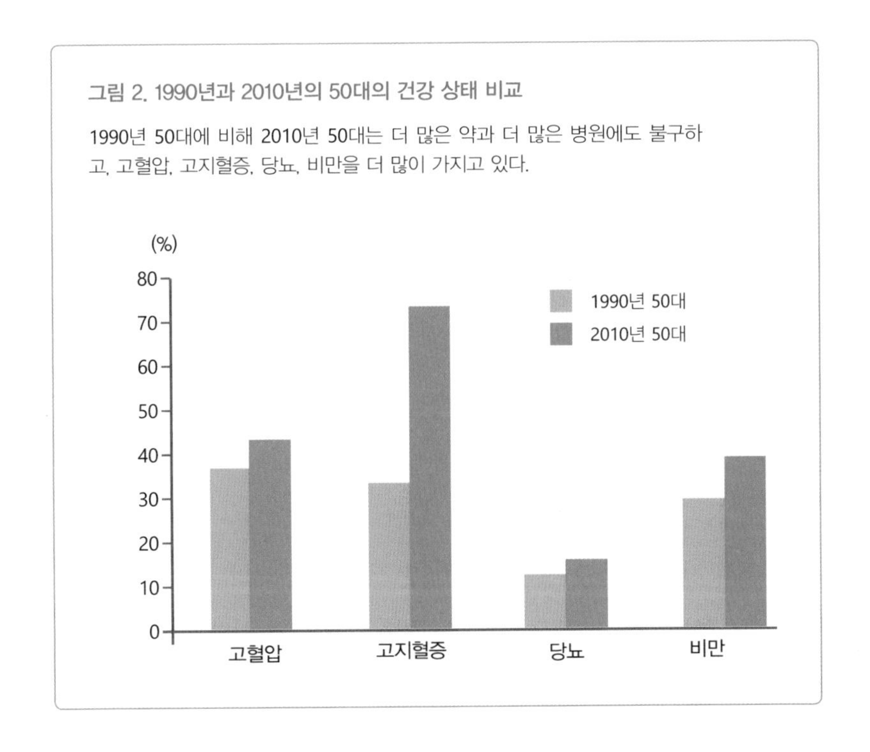

그림 2. 1990년과 2010년의 50대의 건강 상태 비교

1990년 50대에 비해 2010년 50대는 더 많은 약과 더 많은 병원에도 불구하고, 고혈압, 고지혈증, 당뇨, 비만을 더 많이 가지고 있다.

이런 흐름을 바로잡기 위해서는, 환자들 스스로 건강 주권을 회복하는 수밖에 없지 않을까 싶다. 제약회사의 광고에 현혹되지 말고, 의사의 조언에도 의문을 갖고 공부하고 검토하고, 심지어 다른 전문가의 의견을 듣는 것도 마다하지 않아야 한다. 이런 흐름을 뒷받침하기 위해 학문적으로는 생명과학과 의학, 진화론 등이 만나 과학적이면서도 더 길고 포괄적인 시선으로 우리 몸과 건강을 바라보았으면 좋겠다. 이른바 통시적(holistic) 시선이 필요하다는 것이다. 그래서 결과적으로 생감자즙처럼 '좋은 약'들이 우리에게 좀더 '가까이' 오고, 우리 선조들이 오랫동안 경험으로 쌓아온 지혜들도 더 많이 복원되었으면 좋겠다.

그런 면에서 나에게 통생명체(holobiont)라는 말과 개념이 많은 영감을 준다. 나라는 존재는 38억 년 전 생명이 탄생한 이후 진화와 진화를 거듭한 결과로 이 순간 존재한다. 나라는 존재는 내 안에 존재하는 100조에 달하는 다른 생명체와 공진화해온 산물이며 공생의 결과이다. 나라는 존재는 내 안의 또다른 존재인 이 무수한 생명체와의 긴장과 평화를 통해 건강함이 유지된다. 내가 먹는 것, 운동하는 것을 포함한 모든 생활습관이 내 안의 또다른 나에게 강력한 영향을 준다. 나라는 존재는 '내 안의 우주'를 만들어가는 위대한 존재다.

통생명의 통은 그런 모든 것, 나와 내 몸 미생물 전체와 그 역사를 통으로 보자는 제안이다. 또 통(通)은 생명의 흐름을 통하게 하는 과정에 나와 나의 건강이 존재하고 유지된다는 의미이기도 하다. 약물과 화학물에 의존하는 단기적 방식이 아닌 장기적이고 생명 친화적인 방식으로 나와 세계를 바라보고 돌보자는 주장이기도 하다.

더 나아가 통생명체는 개인 혹은 개인주의라는 게 가능하냐는 질문이기도 한다.[6] 세포가 공생의 산물이고, 진화도 공생을 통해 이루어져 왔고, 지금 이 순간 나라는 존재 역시도 미생물과 공생을 통해 존재한다면, 인간 사회 역시도 개인으로만 존재할 수 없다는 유추는 당연한 흐름으로 보인다. 인간은 사회 속에서 이웃과 통하며 지내야 하는 통생명적 존재일 수밖에 없다는 것이다. 특히 무엇보다 중요한 건강을 다루는 데는 보건의료인을 비롯해 여러 분야의 공부와 삶의 궤적을 가진 다양한 개인들이 서로 이웃하며 의견을 나누고 배워가는 통생명적 공간이 모두에게 필요한 일이지 않을까 싶다. 내가 다양한 전공의 사람들이 참여하는 우리 병원 의생명연구소의 미팅을 좋아하고, 생명과 건강 책 읽기 모임을 좋아하는 이유이기도 하다.

통생명체는 미생물학과 생명과학의 가장 최신이론을 받아들이는 태도다. 그러면서도 오래된 우리 선조들의 지혜를 다시 음미하게 해준다. '오래된 미래'를 준비하는 마음가짐이기도 하다.

생소한 일상, 건강한 노화

이 책의 문제의식과 내용, 그리고 결론은 모두 아주 상식적인 얘기일 수 있다. 잘 씻고 좋은 음식을 적절히 먹고 운동하고 공부하자는 제안이다. 방송에서 늘 얘기하는 건강 정보들 역시 결국 같을 것이다. 그런데 이 뻔한 얘기가 중요한 것은, 우리 일상이 그렇지 않기 때문이다. 많은 사람들이 하루 세 끼를 먹는다. 아마도 그 중에서 제대로 집에서 먹는 밥은 한 끼도 안 되는 경우도 많을 것이다. 주로 바깥에서, 주로 가공식품들을 먹는다. 게다가 하루 종일 컴퓨터 앞에 앉아 있고 움직일 겨를이 없다.

이런 우리의 현재 모습은 실은 아주 생소하다. 하루 세 끼를 먹은 것은 언제부터였을까? 내가 기억하는 어렸을 적 농촌에서는 세 끼가 아니었다. 밥은 늘 커다란 그릇에 가득 담겼고 새참도 먹었다. 요새로 치면 다섯 끼니는 되었을 것이다. 그래도 뚱뚱하지 않았다. 농사일이라는 육체노동이 있었기 때문이다. 실제로 인류에게 세 끼가 정착된 것은 산업 사회의 산물이다. 모든 공장노동자는 정해진 시간에 먹어야 컨베이어 벨트가 효율적으로 운용된다. 시간이란 것이 철도가 깔리면서 정확해졌듯이, 정해진 시간에 세 끼 먹는 것 역시 컨베이어 벨트의 산물이라는 것이다.

인간들은 늘 움직였다. 늘 움직이는 것은 우리 인간들의 운명이었다. 먹이를 찾아서, 추위를 피해서, 맹수의 습격을 피해서, 늘 움직여야 했다. 아프리카에서 아시아 극동 한반도까지 이주한 인류는 얼마나 걸었을 것인가? 이주하는 도중에 만난 네안데르탈인과 붙어서 그들을 압도하고 살아남을 수 있었던 것도 늘 움직였기 때문일 것이다. 그것이 싸움과 사냥에 더 유리했을 테니까. 움직이는 것은 우리 호모사피엔스의 숙명이다.

긴 세월 동안 늘 움직이며 진화를 해온 우리 인류의 유전자는 지금 우리가 살고 있는 문명의 시대가 아주 생소할 것이다. 우리나라의 경우 기껏해야 대략 50년 전부터 갑자기 더 많이 먹고 덜 움직이는 환경이 만들어졌다. 그래서 우리 유전자는 밖에서 들어오는 음식들의 처리하는 데 바쁘고, 덜 움직이니 그 쓰레기들을 처리할 수가 없어 고통받는다. 몸 곳곳에 지방덩이가 쌓이고, 혈관 곳곳에 찌꺼기가 끼고, 심장에 무리가 간다. 그리고 그 모든 문제 하나하나를 약으로 해결하려고 한다. 그러니 문제 자체를 해결할 수가 없다.

20세기 생물학과 의학 역시 생소하게 보아야 한다. 20세기는 '과학'의 모든 분야가 획기적인 비약을 한 시기로 기록될 가능성이 큰데, 그 중심에 환원주의가 자리한다. 모든 것을 쪼개서 보는 태도인 환원주의 덕에 유전자가 발견되었고, 그 유전자가 발현하는 메커니즘이 발견되었고, 세포 안에서의 수많은 분자들의 역할들도 밝혀졌다. 음식도 생명이 아닌 단백질, 지방, 탄수화물 등의 수많은 영양소로 분해되었고, 지금 우리 주위에 떠돌아다니는 수많은 건강정보들 역시 이런 이론에 기반한다.

그래서 지금 우리는 건강한가? 당뇨약을 먹으면 혈당은 낮아지겠지만, 그렇다고 건강하다고 할 수 있는가? 당뇨약이 점점 더 많은 당뇨약을 먹게 하고 인슐린 주사를 맞게 하고 시력을 떨어뜨리는 것을 진정 막을 수 있을까? 또 다른 합병증이 없다고 장담할 수 있을까? 최소한 나는 골다공증에 가장 자주 쓰이는 비스포스포테이트가 구강 안에서 원인 모르게 턱뼈를 썩게 하는 현상을 목격하고 있다. 환원주의 의학은 어느 하나에는 좋되 다른 하나에는 나쁜 현상을 '부작용'이라고 부른다. 하지만 작용과 부작용이 공존하고 부분부분에만 효과가 있는 약을 몇 개씩 한꺼번에 먹으면 통생명체인 우리 몸이 건강한 방향으로 갈 수 있을까?

지금 우리에게는 발상의 전환이 필요하다. 우리의 일상을 생소하게 느껴야 한다. 덜 움직이고 더 많이 먹는 것이 문제의 근원이라면, 문제의 해결 역시 그렇게 접근해야 한다. 특히 노화가 진행되면 모든 처리 능력이 떨어지는 것이 불가피해서, 문제의 근원에 더 접근해서 대응해야 건강한 노화가 가능하다. 이 책과 모든 건강 프로그램에서 뻔한 얘기를 반복하는 이유다.

다행히 21세기 과학에서는 과거의 환원주의적 태도에 대해 반성하는 흐름을 보인다. 우리가 유전자의 발현뿐만 아니라 환경과 적극적인 영향을 주고받는 존재임을 인식해가고 있다. 우리 몸 역시 주위 환경과 미생물이 함께 만드는 생태계이고 통생명체이라는 것도 자각해가고 있다. 그런 상호 영향을 충분히 인지하고 노력해야 건강도 지키고 노화도 지연시키며, 그래야 건강한 노화가 가능하다는 것도 알아차리고 있다. 상식으로 회귀하는 것이다.

나는 이 책에서 그런 상식을 모으려 했다. 그런 상식으로 우리의 일상을 생소하게 보려 했다. 그리고 그런 생소함으로 일상을 보다 환경친화적으로 바꾸어가는 것이 나의 건강을 지키고 건강한 노화의 가능성도 높인다고 믿는다.

참고문헌

1장. 통생명체, 내 몸과 미생물의 합작품

1. 통생명체란 무엇인가?

1. 에드 용 지음, 양병찬 옮김. (2017). 내 속엔 미생물이 너무도 많아, 어크로스.
2. Simon, J.-C., et al. (2019). "Host-microbiota interactions: from holobiont theory to analysis." Microbiome 7(1): 5-5
3. Belizário, J. E. and M. Napolitano (2015). "Human microbiomes and their roles in dysbiosis, common diseases, and novel therapeutic approaches." Frontiers in Microbiology 6(1050).
4. Aagaard, K., et al. (2014). "The placenta harbors a unique microbiome." Science translational medicine 6(237): 237ra265-237ra265.
5. 린마굴리스 (1998). 공생자행성(Symbiotic Planet, A New Look At Evolution), 사이언스북스.
6. Service, R. F. (1997). "Microbiologists explore life's rich, hidden kingdoms." Science (New York, NY) 275(5307): 1740.
7. 대한미생물학회 (2009). 의학미생물학, 엘스비어코리아.
8. Urbaniak, C., et al. (2014). "Microbiota of human breast tissue." Appl. Environ. Microbiol. 80(10): 3007-3014.
9. Gomez-Gallego, C., et al. (2016). The human milk microbiome and factors influencing its composition and activity. Seminars in Fetal and Neonatal Medicine, Elsevier.
10. Römling, U. and C. Balsalobre (2012). "Biofilm infections, their resilience to therapy and innovative treatment strategies." Journal of internal medicine 272(6): 541-561.

2장. 내 몸속 미생물 돌보기

1. 피부에 사는 세균 돌보기

1. 1. Byrd, A. L., et al. (2018). "The human skin microbiome." Nature Reviews Microbiology 16(3): 143.
2. 2. Ross, A. A., et al. (2018). "Comprehensive skin microbiome analysis reveals the uniqueness of human skin and evidence for phylosymbiosis within the class Mammalia." Proceedings of the National Academy of Sciences 115(25): E5786–E5795.
3. 3. Graham III, P. L., et al. (2006). "A US population–based survey of Staphylococcus aureus colonization." Annals of internal medicine 144(5): 318.
4. 4. Ramsey, M. M., et al. (2016). "Staphylococcus aureus Shifts toward Commensalism in Response to Corynebacterium Species." Front Microbiol 7: 1230.
5. 5. Xian, M., et al. (2016). "Anionic surfactants and commercial detergents decrease tight junction barrier integrity in human keratinocytes." Journal of Allergy and Clinical Immunology 138(3): 890–893.e899.
6. 6. Ivankovic, T. and J. Hrenovic (2010). "Surfactants in the environment." Arh Hig Rada Toksikol 61(1): 95–110.
7. 7. Wang, Z. X., et al. (2013). "Systematic review and meta–analysis of triclosan–coated sutures for the prevention of surgical–site infection." Br J Surg 100(4): 465–473.
8. 8. Yee, A. L. and J. A. Gilbert (2016). "Is triclosan harming your microbiome?" Science 353(6297): 348–349.
9. Drug, U. F. (2016). FDA issues final rule on safety and effectiveness of antibacterial soaps, https://www.fda.gov/news–events/press–announcements/fda–issues–final–rule–safety–and–effectiveness–antibacterial–soaps.
10. Chambers, H. F. (2001). "The changing epidemiology of Staphylococcus aureus?" Emerging infectious diseases 7(2): 178.
11. http://www.ala–septic.com/Podiatry.php

2. 입속에 사는 세균 돌보기

1. Lassalle, F., et al. (2018). "Oral microbiomes from hunter-gatherers and traditional farmers reveal shifts in commensal balance and pathogen load linked to diet." Molecular ecology 27(1): 182–195.
2. Takeshita, T., et al. (2014). "Distinct composition of the oral indigenous microbiota in South Korean and Japanese adults." Scientific Reports 4.

3. Takeshita, T., et al. (2016). "Bacterial diversity in saliva and oral health-related conditions: the Hisayama Study." Scientific Reports 6.
4. Furuta, M., et al. (2018). "Comparison of the periodontal condition in Korean and Japanese adults: a cross-sectional study." BMJ Open 8(11): bmjopen-2018-024332.
5. Hajishengallis, G. and R. J. Lamont (2016). "Dancing with the stars: how choreographed bacterial interactions dictate nososymbiocity and give rise to keystone pathogens, accessory pathogens, and pathobionts." Trends in Microbiology 24(6): 477-489.
6. Löe, H., et al. (1986). "Natural history of periodontal disease in man: rapid, moderate and no loss of attachment in Sri Lankan laborers 14 to 46 years of age." Journal of Clinical Periodontology 13(5): 431-440.
7. Qu, X., et al. (2016). "From nitrate to nitric oxide: The role of salivary glands and oral bacteria." Journal of Dental Research 95(13): 1452-1456.
8. Hyde, E. R., et al. (2014). "Metagenomic analysis of nitrate-reducing bacteria in the oral cavity: implications for nitric oxide homeostasis." PLoS ONE 9(3): e88645.
9. Bryan, N. S., et al. (2017). "Oral microbiome and nitric oxide: the missing link in the management of blood pressure." Current hypertension reports 19(4): 33.
10. Bondonno, C. P., et al. (2014). "Antibacterial mouthwash blunts oral nitrate reduction and increases blood pressure in treated hypertensive men and women." Am J Hypertens 28(5): 572-575.
11. Kellesarian, S. V., et al. (2018). "Association between periodontal disease and erectile dysfunction: A systematic review." American journal of men's health 12(2): 338-346.
12. https://www.youtube.com/watch?v=hZ2t8fj8oHY,
https://www.youtube.com/watch?v=QiM1DShsnrs
13. Porter, S. R., et al. (2000). "Recurrent aphthous stomatitis." Clinics in Dermatology 18(5): 569-578.
14. Macdonald, J. B., et al. (2016). "Oral leukoedema with mucosal desquamation caused by toothpaste containing sodium lauryl sulfate." Cutis 97(1): E4.
15. Sälzer, S., et al. (2016). "The effectiveness of dentifrices without and with sodium lauryl sulfate on plaque, gingivitis and gingival abrasion—a randomized clinical trial." Clinical Oral Investigations 20(3): 443-450.
16. Watnick, P. and R. Kolter (2000). "Biofilm, city of microbes." J Bacteriol 182(10): 2675-2679.
17. Bosshardt, D. and N. Lang (2005). "The junctional epithelium: from health to disease." Journal of Dental Research 84(1): 9-20.

18. Belibasakis, G. N. and E. Mylonakis (2015). "Oral infections: Clinical and biological perspectives." Virulence 6(3): 173–176.
19. Salminen, A., et al. (2014). "Salivary biomarkers of bacterial burden, inflammatory response, and tissue destruction in periodontitis." Journal of Clinical Periodontology 41(5): 442–450.

3. 장에 살고 있는 세균 돌보기

1. Nardone, G. and D. Compare (2015). "The human gastric microbiota: Is it time to rethink the pathogenesis of stomach diseases?" United European Gastroenterology Journal 3(3): 255–260.
2. El Aidy, S., et al. (2015). "The small intestine microbiota, nutritional modulation and relevance for health." Current opinion in biotechnology 32: 14–20.
3. Belizário, J. E. and M. Napolitano (2015). "Human microbiomes and their roles in dysbiosis, common diseases, and novel therapeutic approaches." Frontiers in Microbiology 6(1050).
4. Nam, Y.–D., et al. (2011). "Comparative analysis of Korean human gut microbiota by barcoded pyrosequencing." PLoS ONE 6(7): e22109–e22109.
5. De Filippo, C., et al. (2010). "Impact of diet in shaping gut microbiota revealed by a comparative study in children from Europe and rural Africa." Proceedings of the National Academy of Sciences 107(33): 14691–14696.
6. Schnorr, S. L., et al. (2014). "Gut microbiome of the Hadza hunter-gatherers." Nature Communications 5: 3654–3654.
7. Hatori, M., et al. (2012). "Time–Restricted Feeding without Reducing Caloric Intake Prevents Metabolic Diseases in Mice Fed a High–Fat Diet." Cell Metabolism 15(6): 848–860.
8. Carter, C. S., et al. (2007). "Molecular mechanisms of life–and health–span extension: role of calorie restriction and exercise intervention." Applied Physiology, Nutrition, and Metabolism 32(5): 954–966.
9. Li, G., et al. (2017). "Intermittent Fasting Promotes White Adipose Browning and Decreases Obesity by Shaping the Gut Microbiota." Cell Metabolism 26(4): 672–685. e674.
10. Fukui, H. (2016). "Increased Intestinal Permeability and Decreased Barrier Function: Does It Really Influence the Risk of Inflammation?" Inflammatory intestinal diseases 1(3): 135–145.
11. Meijer, L., et al. (2006). "Nonabsorbable Dietary Fat Enhances Disposal of 2, 2

', 4, 4 '–Tetrabromodiphenyl Ether in Rats through Interruption of Enterohepatic Circulation." Journal of agricultural and food chemistry 54(17): 6440–6444.
12. Fuccio, L., et al. (2009). "Meta–analysis: can Helicobacter pylori eradication treatment reduce the risk for gastric cancer?" Ann Intern Med 151(2): 121–128.
13. Testerman, T. L. and J. Morris (2014). "Beyond the stomach: an updated view of Helicobacter pylori pathogenesis, diagnosis, and treatment." World Journal of Gastroenterology 20(36): 12781–12808.
14. He, C., et al. (2014). "Helicobacter pylori infection and diabetes: is it a myth or fact?" World Journal of Gastroenterology 20(16): 4607–4617.
15. Correa, P. and M. B. Piazuelo (2012). "Evolutionary History of the Helicobacter pylori Genome: Implications for Gastric Carcinogenesis." Gut and liver 6(1): 21–28.
16. Wroblewski, L. E., et al. (2010). "Helicobacter pylori and gastric cancer: factors that modulate disease risk." Clinical Microbiology Reviews 23(4): 713–739.
17. Bach, J.–F. (2002). "The effect of infections on susceptibility to autoimmune and allergic diseases." New England Journal of Medicine 347(12): 911–920.
18. Blaser, M. J. (2006). "Who are we? Indigenous microbes and the ecology of human diseases." EMBO Rep 7(10): 956–960.

4. 기도와 폐에 사는 세균 돌보기

1. Man, W. H., et al. (2017). "The microbiota of the respiratory tract: gatekeeper to respiratory health." Nature Reviews Microbiology 15: 259.
2. 대한미생물학회 (2009). 의학미생물학, 엘스비어코리아.
3. Beck, J. M., et al. (2012). "The microbiome of the lung." Translational Research 160(4): 258–266.
4. Dickson, R. P. and G. B. Huffnagle (2015). "The lung microbiome: new principles for respiratory bacteriology in health and disease." PLoS Pathog 11(7): e1004923.
5. Segal, L. N., et al. (2013). "Enrichment of lung microbiome with supraglottic taxa is associated with increased pulmonary inflammation." Microbiome 1(1): 1.
6. Huffnagle, G., et al. (2017). "The respiratory tract microbiome and lung inflammation: a two–way street." Mucosal immunology 10(2): 299–306.
7. Heikkinen, T. and A. Järvinen (2003). "The common cold." The Lancet 361(9351): 51–59.
8. https://en.wikipedia.org/wiki/Rhinovirus
9. Foxman, E. F., et al. (2015). "Temperature–dependent innate defense against the common cold virus limits viral replication at warm temperature in mouse airway cells."

Proceedings of the National Academy of Sciences 112(3): 827–832.
10. Atkinson, S. K., et al. (2016). "How does rhinovirus cause the common cold cough?" BMJ Open Respiratory Research 3(1): e000118.
11. Cohen, S., et al. (1997). "Social Ties and Susceptibility to the Common Cold." JAMA 277(24): 1940–1944.
12. 공미진 (2016). 급성 상기도 감염 질환의 진료과별 의약품 처방특성, 부산카톨릭대학교 대학원.
13. Mäkelä, M. J., et al. (1998). "Viruses and Bacteria in the Etiology of the Common Cold." Journal of clinical microbiology 36(2): 539–542.
14. Obasi, C. N., et al. (2014). "Detection of viral and bacterial pathogens in acute respiratory infections." Journal of Infection 68(2): 125–130.
15. Gao, Z., et al. (2014). "Human Pharyngeal Microbiome May Play A Protective Role in Respiratory Tract Infections." Genomics, Proteomics & Bioinformatics 12(3): 144–150.
16. Yoneyama, T., et al. (2002). "Oral care reduces pneumonia in older patients in nursing homes." Journal of the American Geriatrics Society 50(3): 430–433.
17. Mori, H., et al. (2006). "Oral care reduces incidence of ventilator–associated pneumonia in ICU populations." Intensive care medicine 32(2): 230–236.
18. El Moussaoui, R., et al. (2006). "Effectiveness of discontinuing antibiotic treatment after three days versus eight days in mild to moderate-severe community acquired pneumonia: randomised, double blind study." Bmj 332(7554): 1355.
19. Choudhury, G., et al. (2011). "Seven-day antibiotic courses have similar efficacy to prolonged courses in severe community-acquired pneumonia–a propensity–adjusted analysis." Clinical Microbiology and Infection 17(12): 1852–1858.

3장. 내 몸 돌보기

1. 약은 급할 때만

1. Maier, L., et al. (2018). "Extensive impact of non-antibiotic drugs on human gut bacteria." Nature 555(7698): 623–628.
2. Kim, H., et al. (2018). "Reduced antibiotic prescription rates following physician-targeted interventions in a dental practice." Acta Odontologica Scandinavica 76(3): 204–211.
3. Koyuncuoglu, C. Z., et al. (2017). "Rational use of medicine in dentistry: do

dentists prescribe antibiotics in appropriate indications?" European Journal of Clinical Pharmacology: 1-6.

4. Rogers, M. A. M. and D. M. Aronoff (2016). "The influence of non-steroidal anti-inflammatory drugs on the gut microbiome." Clinical microbiology and infection : the official publication of the European Society of Clinical Microbiology and Infectious Diseases 22(2): 178.e171-178.e179.
5. Utzeri, E. and P. Usai (2017). "Role of non-steroidal anti-inflammatory drugs on intestinal permeability and nonalcoholic fatty liver disease." World Journal of Gastroenterology 23(22): 3954-3963.
6. Fukui, H. (2016). "Increased Intestinal Permeability and Decreased Barrier Function: Does It Really Influence the Risk of Inflammation?" Inflammatory intestinal diseases 1(3): 135-145.
7. Wu, H., et al. (2017). "Metformin alters the gut microbiome of individuals with treatment-naive type 2 diabetes, contributing to the therapeutic effects of the drug." Nat Med 23(7): 850-858.
8. Yan, Q., et al. (2017). "Alterations of the Gut Microbiome in Hypertension." Frontiers in Cellular and Infection Microbiology 7: 381-381.
9. Petersen, C. and J. L. Round (2014). "Defining dysbiosis and its influence on host immunity and disease." Cellular microbiology 16(7): 1024-1033.
10. Elliott, R. L., et al. (2018). "Antibiotics Friend and Foe:"From Wonder Drug to Causing Mitochondrial Dysfunction, Disrupting Human Microbiome and Promoting Tumorigenesis"." International Journal of Clinical Medicine 9(03): 182.
11. Velicer, C. M., et al. (2004). "Antibiotic use in relation to the risk of breast cancer." JAMA 291(7): 827-835.

2. 음식이 약이 되게 하라

1. http://www.vivo.colostate.edu/hbooks/pathphys/digestion/basics/transit.html
2. Brogna, A., et al. (1999). "Influence of aging on gastrointestinal transit time. An ultrasonographic and radiologic study." Invest Radiol 34(5): 357-359.
3. Degen, L. and S. Phillips (1996). "Variability of gastrointestinal transit in healthy women and men." Gut 39(2): 299-305.
4. Fuller, S., et al. (2016). "New Horizons for the Study of Dietary Fiber and Health: A Review." Plant Foods for Human Nutrition 71(1): 1-12.
5. Cummings, J. H. and A. Engineer (2018). "Denis Burkitt and the origins of the dietary fibre hypothesis." Nutrition research reviews 31(1): 1-15.

6. Cummings, J., et al. (1987). "Short chain fatty acids in human large intestine, portal, hepatic and venous blood." Gut 28(10): 1221–1227.
7. den Besten, G., et al. (2013). "The role of short–chain fatty acids in the interplay between diet, gut microbiota, and host energy metabolism." Journal of lipid research 54(9): 2325–2340.
8. Wong, J. M., et al. (2006). "Colonic health: fermentation and short chain fatty acids." J Clin Gastroenterol 40(3): 235–243.
9. Smith, P. M., et al. (2013). "The microbial metabolites, short–chain fatty acids, regulate colonic Treg cell homeostasis." Science 341(6145): 569–573.
10. Burkitt, D. P. (1971). "Epidemiology of cancer of the colon and rectum." Cancer 28(1): 3–13.

3. 운동, 현대판 불로초

1. Carter, C. S., et al. (2007). "Molecular mechanisms of life–and health–span extension: role of calorie restriction and exercise intervention." Applied Physiology, Nutrition, and Metabolism 32(5): 954–966.
2. Garcia–Valles, R., et al. (2013). "Life–long spontaneous exercise does not prolong lifespan but improves health span in mice." Longevity & healthspan 2(1): 14.
3. https://en.wikipedia.org/wiki/Exercise
4. Khan, S. S., et al. (2017). "Molecular and physiological manifestations and measurement of aging in humans." Aging Cell 16(4): 624–633.
5. Nystoriak, M. A. and A. Bhatnagar (2018). "Cardiovascular Effects and Benefits of Exercise." Frontiers in cardiovascular medicine 5: 135–135.
6. Myers, J. (2003). "Exercise and cardiovascular health." Circulation 107(1): e2–e5.
7. Breathe (Sheff). (2016). "Your lungs and exercise." Breathe (Sheffield, England) 12(1): 97–100.
8. Peterson, M. D. and P. M. Gordon (2011). "Resistance exercise for the aging adult: clinical implications and prescription guidelines." The American Journal of Medicine 124(3): 194–198.
9. Garatachea, N., et al. (2015). "Exercise attenuates the major hallmarks of aging." Rejuvenation research 18(1): 57–89.
10. Cartee, G. D., et al. (2016). "Exercise Promotes Healthy Aging of Skeletal Muscle." Cell Metabolism 23(6): 1034–1047.
11. Allen, J. M., et al. (2018). "Exercise alters gut microbiota composition and function in lean and obese humans." Med Sci Sports Exerc 50(4): 747–757.

12. Clark, A. and N. Mach (2017). "The Crosstalk between the Gut Microbiota and Mitochondria during Exercise." Frontiers in Physiology 8(319).
13. Willson, J. D., et al. (2005). "Core Stability and Its Relationship to Lower Extremity Function and Injury." JAAOS – Journal of the American Academy of Orthopaedic Surgeons 13(5): 316–325.
14. Kang, K.–Y. (2015). "Effects of core muscle stability training on the weight distribution and stability of the elderly." Journal of physical therapy science 27(10): 3163–3165.
15. Sheetz, K., et al. (2013). "Decreased core muscle size is associated with worse patient survival following esophagectomy for cancer." Diseases of the Esophagus 26(7): 716–722.
16. Srikanthan, P. and A. S. Karlamangla (2011). "Relative muscle mass is inversely associated with insulin resistance and prediabetes. Findings from the third National Health and Nutrition Examination Survey." The Journal of Clinical Endocrinology & Metabolism 96(9): 2898–2903.
17. Wolf, I. D. and T. Wohlfart (2014). "Walking, hiking and running in parks: A multidisciplinary assessment of health and well-being benefits." Landscape and Urban Planning 130: 89–103.
18. Grinde, B. and G. G. Patil (2009). "Biophilia: does visual contact with nature impact on health and well-being?" International journal of environmental research and public health 6(9): 2332–2343.

4. 뇌도 근육처럼

1. Snowdon, D. A. (2003). "Healthy aging and dementia: findings from the Nun Study." Annals of internal medicine 139(5_Part_2): 450–454.
2. http://paa2012.princeton.edu/papers/122836
3. Snowdon, D. A., et al. (1997). "Brain infarction and the clinical expression of Alzheimer disease: the Nun Study." JAMA 277(10): 813–817.
4. Maguire, E. A., et al. (2006). "London taxi drivers and bus drivers: a structural MRI and neuropsychological analysis." Hippocampus 16(12): 1091–1101.
5. Danner, D. D., et al. (2001). "Positive emotions in early life and longevity: findings from the nun study." Journal of personality and social psychology 80(5): 804.
6. Snowdon, D. A., et al. (1989). "Years of life with good and poor mental and physical function in the elderly." Journal of Clinical Epidemiology 42(11): 1055–1066.
7. Jopp, D. S., et al. (2016). "Physical, cognitive, social and mental health in near–

centenarians and centenarians living in New York City: findings from the Fordham Centenarian Study." BMC geriatrics 16(1): 1.
8. https://en.wikipedia.org/wiki/Neurobiological_effects_of_physical_exercise
9. Delezie, J. and C. Handschin (2018). "Endocrine Crosstalk Between Skeletal Muscle and the Brain." Frontiers in neurology 9: 698-698.
10. Wang, Y. and L. H. Kasper (2014). "The role of microbiome in central nervous system disorders." Brain Behav Immun 38: 1-12.
11. Mayer, E. A., et al. (2014). "Gut Microbes and the Brain: Paradigm Shift in Neuroscience." The Journal of Neuroscience 34(46): 15490-15496.
12. 김혜성 (2016). 미생물과의 공존, 파라사이언스.
13. Sarkar, A., et al. (2016). "Psychobiotics and the Manipulation of Bacteria-Gut-Brain Signals." Trends in neurosciences 39(11): 763-781.

4장. 통생명체, 긴 시선으로 바라보기

1. 환원주의 유감

1. Ravnskov, U., et al. (2018). "LDL-C does not cause cardiovascular disease: a comprehensive review of the current literature." Expert Rev Clin Pharmacol 11(10): 959-970.
2. Bellosta, S. and A. Corsini (2012). "Statin drug interactions and related adverse reactions." Expert opinion on drug safety 11(6): 933-946.
3. Jopp, D. S., et al. (2016). "Physical, cognitive, social and mental health in near-centenarians and centenarians living in New York City: findings from the Fordham Centenarian Study." BMC geriatrics 16(1): 1.
4. Byars, S. G., et al. (2018). "Association of Long-Term Risk of Respiratory, Allergic, and Infectious Diseases With Removal of Adenoids and Tonsils in Childhood." JAMA Otolaryngology-Head & Neck Surgery.
5. Woese, C. R. (2004). "A New Biology for a New Century." Microbiology and Molecular Biology Reviews 68(2): 173-186.
6. Dobzhansky, T. (1973). "Nothing in Biology Makes Sense except in the Light of Evolution." The american biology teacher 35(3): 125-129.
7. Araújo, L., et al. (2018). "Objective vs. Subjective Health in Very Advanced Ages: Looking for Discordance in Centenarians." Frontiers in Medicine 5(189).

2. 현대 과학의 짧은 시선 – 안젤리나 졸리의 유방을 돌려줘

1. https://www.nytimes.com/2013/05/14/opinion/my-medical-choice.html
2. https://thetruthaboutcancer.com/angelina-jolie-brca-gene/
3. (https://en.wikipedia.org/wiki/Genetic_disorder)
4. Pigliucci, M. (2010). "Genotype-phenotype mapping and the end of the 'genes as blueprint' metaphor." Philosophical Transactions of the Royal Society B: Biological Sciences 365(1540): 557-566.
5. Carbonero, F. (2017). "Human epigenetics and microbiome: the potential for a revolution in both research areas by integrative studies." Future science OA 3(3): FSO207-FSO207.
6. Gilbert, S. F. (2014). "A holobiont birth narrative: the epigenetic transmission of the human microbiome." Frontiers in Genetics 5: 282.
7. Consortium, H. M. P. (2012). "A framework for human microbiome research." Nature 486(7402): 215-221.

3. 현대 의학의 짧은 시선 – 항생제가 일으킨 문제, 똥이 해결한다

1. https://www.youtube.com/watch?v=RU1tbJtqELo
2. Lessa, F. C., et al. (2015). "Burden of Clostridium difficile infection in the United States." N Engl j Med 372(9): 825-834.
3. Cammarota, G., et al. (2015). "Randomised clinical trial: faecal microbiota transplantation by colonoscopy vs. vancomycin for the treatment of recurrent Clostridium difficile infection." Alimentary pharmacology & therapeutics 41(9): 835-843.
4. Juul, F. E., et al. (2018). "Fecal Microbiota Transplantation for Primary Clostridium difficile Infection." New England Journal of Medicine.
5. https://www.ncbi.nlm.nih.gov/pubmed/?term=fecal+transplantation
6. Makkawi, S., et al. (2018). "Fecal microbiota transplantation associated with 10 years of stability in a patient with SPMS." Neurology(R) neuroimmunology & neuroinflammation 5(4): e459-e459.
7. Pozhitkov, A. E., et al. (2015). "Towards microbiome transplant as a therapy for periodontitis: an exploratory study of periodontitis microbial signature contrasted by oral health, caries and edentulism." BMC oral health 15: 125-125.
8. http://news.chosun.com/site/data/html_dir/2018/05/25/2018052502113.html
9. Quera, R., et al. (2014). "Bacteremia as an adverse event of fecal microbiota transplantation in a patient with Crohn's disease and recurrent Clostridium difficile

infection." Journal of Crohn's and Colitis 8(3): 252-253.
10. Kunde, S., et al. (2013). "Safety, Tolerability, and Clinical Response After Fecal Transplantation in Children and Young Adults With Ulcerative Colitis." Journal of pediatric gastroenterology and nutrition 56(6): 597-601.
11. Kelly, C. R., et al. (2015). "Update on Fecal Microbiota Transplantation 2015: Indications, Methodologies, Mechanisms, and Outlook." Gastroenterology 149(1): 223-237.
12. 박영규 (2018). 조선명저기행: 책으로 읽는 조선의 지성과 교양, 김영사.

4. 현대 산업의 짧은 시선 - 프로바이오틱스를 챙겨 먹으라고?

1. Hill, C., et al. (2014). "Expert consensus document: The International Scientific Association for Probiotics and Prebiotics consensus statement on the scope and appropriate use of the term probiotic." Nature reviews Gastroenterology & hepatology 11(8): 506-514.
2. Holscher, H. D. (2017). "Dietary fiber and prebiotics and the gastrointestinal microbiota." Gut Microbes 8(2): 172-184.
3. Guandalini, S. (2011). "Probiotics for prevention and treatment of diarrhea." Journal of clinical gastroenterology 45: S149-S153.
4. Bizzini, B., et al. (2012). "Probiotics and oral health." Curr Pharm Des 18(34): 5522-5531.
5. Singhi, S. C. and S. Kumar (2016). "Probiotics in critically ill children." F1000Research 5.
6. Ambesh, P., et al. (2017). "Recurrent Lactobacillus Bacteremia in a Patient With Leukemia." Journal of investigative medicine high impact case reports 5(4): 2324709617744233-2324709617744233.

5. 긴 시선으로 통생명체 대하기

1. 신우섭 (2013). 의사의 반란, 에디터.
2. 모알렘, 샤. (2011). 질병의 종말, 청림 life.
3. McNeil, J. J., et al. (2018). "Effect of aspirin on disability-free survival in the healthy elderly." New England Journal of Medicine 379(16): 1499-1508.
4. King, D. E., et al. (2013). "The status of baby boomers' health in the United States: the healthiest generation?" JAMA Intern Med 173(5): 385-386.
5. Gilbert, S. F. and A. I. Tauber (2016). "Rethinking individuality: the dialectics of the holobiont." Biology & Philosophy 31(6): 839-853.

독자 서평

노령화 사회에 통생명체적 삶은 중장년과 노년기에 건강한 삶의 동반자가 되고, 어린이들의 소아비만이나 면역질환 등에 노출될 가능성도 많이 낮아지리라 본다.

— 김성배, 탑영상의학과 원장

나는 '통생명체'라는 말이 마음에 든다. 인간이라는, 나라는 존재를 '통생명체'로 본다는 것은 우주의 모든 것이 독자적으로 존재하지 않는다는 것이다. 또한 내 안의 미생물들과의 유기적 관계를 일상생활에서 건강한 삶의 방식으로 쉽게 풀어 나가려는 저자의 모습이 친근하기 때문이다.

— 김주해, (주)엘피스디엠 대표이사

이 책의 저자는 구강 미생물에 대한 관심을 인체 전체 미생물로 확대하면서 미생물이 인체에 미치는 영향에 대해 수년간 공부와 연구를 이어오고 있다. 임상경험을 바탕으로 다양한 각도에서 미생물을 조명하는 그의 연구는 궁극적으로 더 건강한 우리의 삶으로 향한다. 이번 책은 깊이를 더해가는 그의 사고와 점점 발전하는 개념이 그대로 반영되어, 미생물과 공존하는 우리의 건강한 삶을 위해 읽어두면 좋은 책이다.

— 이순규, 신경외과 전문의, 제일성심의료재단 이사장

한의학에서는 "인체는 소우주"라고 말한다. 이 책을 통해 미생물과 공존하는 인체의 신비를 발견하게 된다. 과연 인체는 공생하는 소우주임을 과학적으로 깨닫게 된다. 저자의 인체관과 생명관으로 바라본 이 책은 동서로 나뉘어 격리된 한의학과 양의학 사이의 멋진 가교가 될 것이다.

— 최원집, 구심한의원 원장

먹고 움직이는 것은 나지만 나를 건강하게 살아 있게 하는 것은 내 몸과 그 속의 무수한 미생물들임을 부단한 연구와 관찰로 역설한 저작이다. 읽는 내내 즐겁고 또한 가슴 벅참을 느낀다. 감사를 전하고 싶다.

— 양하영, 섬강한의원, 전 상지대 한의과대학 겸임교수

이 책은 평이한 듯 보이지만 독특하다. 저자는 의사지만 병을 말하기 전에 건강을 이야기하고 건강을 말하기 전에 좋은 삶을 이야기한다. 이는 전도된 것, 즉 거꾸로 서 있는 우리를 바로 세우자는 조용한 제안이다. '돈' 혹은 '자본' 이전에 '좋은 인간'이 있어야 하듯 '병' 이전에 '건강'이, 그 이전에 '좋은 삶'이 있다.

— 이규상, 신한은행 평창동지점장

우리 몸 미생물의 차원에서 시작해서 우리 몸과 미생물이 함께 만들어내는 건강 이야기가 의료인이 보아도 새롭게 펼쳐진다. 때론 그림을 곁들인 친절한 과학적인 설명으로, 때론 실천적인 경험담으로 이끌어가는 이 이야기에는 자신만이 아닌 이웃, 나아가 인류 전체가 건강한 노화를 맞이했으면 하는 따뜻한 시선이 느껴진다.

— 장유경, 특수학교 보건교사

이 책의 저자가 추구하는 생명과 건강에 대한 명제는 "전체는 부분의 합, 그 이상이다"라는 아리스토텔레스의 아포리즘으로 집약된다. 편집증적인 환원주의를 강조해온 현대 의학이 간과할 수밖에 없었던 생명 '전체'의 '더불어 사는 삶'에 대한 의료인 저자의 진지한 고민과 연구결과물이 담겨 있다.

— 홍유경, 카프성모병원 약국장, 고양시 약사회 병원이사

나는 인문학자이다. 음양오행론을 통해 온 우주가 유기적 결합체임을 느끼고, 제임스 러브록의 ≪가이아≫를 읽으며 지구가 생명체임을 깨닫고, 장회익의 ≪삶과 온생명≫을 읽으며 생명에 대한 새로운 시선을 접할 수 있었다. 그리고 김혜성의 책을 읽으며 데자뷰 경험을 한다. 김혜성은 치과의사이며, 생명을 연구하고, 인문학을 공부한다. 그리하여 그는 이러한 결론에 도달한다. "나는 나와 내 몸 미생물의 통합체, 통생명체이다. 실은 우리의 행성, 지구 자체가 미생물과의 통합체이다." 이 말을 증명하기 위하여 김혜성은 자신의 몸을 연구하여, 건강하게 살 수 있는 나름의 방법을 제시한다. 참으로 보약 같은 책을 읽었다.

— 김경윤, 고양시 인문학 모임 '귀가쫑긋' 회장

우리 인생은 한바탕 춤인가? 미생물과 우리 몸이 벌이는 한바탕 춤. 저자는 미생물과 함께 서로 밀고 당기고 긴장과 평화를 이루며 통생명체로 살아가자고 한다. 통생명체로 살아가기 위해 우리 일상을 생소하게 보아야 한다는 저자의 제안이 긴 여운으로 남는다. 아스피린이든 프로바이오틱스이든 내가 알아보고 내가 판단을 내려야 할 일이다. 앞으로도 오랫동안 생명의 춤을 추어야 하므로.

— 임영근, 정치경제연구소 '대안' 상임연구원